图书在版编目（CIP）数据

相遇建业里 / 徐洁, 朱劲松编著. -- 上海：同济
大学出版社, 2022.8
ISBN 978-7-5765-0317-3

Ⅰ. ①相… Ⅱ. ①徐… ②朱… Ⅲ. ①民居－修缮加
固－上海 Ⅳ. ①TU746.3

中国版本图书馆CIP数据核字(2022)第147653号

相遇建业里

徐洁　朱劲松　编著

责任编辑　　吕　炜　宋　立
责任校对　　徐春莲
美　编　　完　颖　杨　勇
摄　影　　章　勇

出版发行　同济大学出版社 www.tongjipress.com.cn

（地址：上海市四平路1239号 邮编：200092 电话：021-65985622）

经　销　全国各地新华书店
印　刷　上海安枫印务有限公司
开　本　889mm×1194mm 1/16
印　张　15.25
字　数　488 000
版　次　2022 年 8 月第 1 版
印　次　2022 年 8 月第 1 次印刷
书　号　ISBN 978-7-5765-0317-3
定　价　138.00 元

相遇建业里

顾　问　丁　曙　朱志荣

编　著　徐　洁　朱劲松

编委会　王　莹　姚佳音　魏敏杰　支文军

编　辑　林　军　王梦佳　凌　琳　蔚晋申　应伊琼　许永超

美　编　完　颖　杨　勇

摄　影　章　勇

序 │ 相遇建业里的意义

Foreword │ The Meaning of Encountering Jianyeli

掩映在梧桐树丛中的上海历史建筑荟萃了世界各国的建筑文化，覆盖了世界建筑史上的各种建筑类型与风格，并与中国传统式样的楼房和住宅融合在一起，成为海派文化的精粹。近代上海在建筑方面最亮丽的景象是大约 9 214 条的里弄，以及 20 多万幢遍布市区的里弄建筑，这是上海市民的生活环境和城市的底色。里弄建筑不仅是上海居住建筑的主要类型，同时也是上海独有的建筑，根据 1949 年的统计数据，当年曾经有 70% 以上的城市居民聚居在里弄建筑中。上海人日常称之为"弄堂"的里弄，其与城市的空间关系清晰地界定了公共和个体的领域：从城市街道的公共空间，进入总弄的半公共空间，再进入支弄的半私密兼半公共空间，最后进入住宅的私密空间，里弄住宅对于城市肌理和街坊结构的构成起着极为重要的作用。

里弄有多种名称，如"弄堂""石库门"等。"弄堂"在上海话中指代里坊内的巷道和室外空间，包括主弄和支弄，"弄"是指"巷"和"衖"，"弄堂"古时作"弄唐"，"唐"是古代朝堂前或宗庙门内的大路。古文中"堂"或指"殿"，或指"阶上室外"，另外的释义是："窗户之外曰堂，窗户之内曰室"。里弄建筑的构造方式与建筑材料的选取继承了江南传统民居的工艺，采用砖木结构，勒脚及大门门框多用条石，因此这种类型的里弄住宅也俗称为石库门，石库门也成为里弄住宅的符号。关于里弄住宅的统计，有"栋""幢""户""房""行""单元"等表述。

1929—1938 年建成的建业里位于福履理路（今建国西路）和祁齐路（今岳阳路）转角处，由法商中国建业地产公司投资和设计建造，并以建筑公司的名字命名。由东弄、中弄及西弄三条弄堂组成，巷弄布置严格，井井有序。东弄又称建业东里，自南而北共 7 排，于 1928 年 12 月设计。中弄共 9 排，南面的 4 排建筑分两行组合成一条内街。西弄建于 1938 年，又称建业西里，建筑的进深较大，自南而北共 6 排。建业里总占地面积约 1.74 公顷，总建筑面积约 20 400 平方米，共有砖木结构 2 层楼房 260 个单元，其中店面房屋 40 幢。整个里弄共计 22 排，是当年法租界规模最大的石库门里弄住宅建筑群，也是上海石库门建筑的代表作之一。清水红砖墙面，红色机平瓦屋面，精致的筒瓦马头封火墙是其特征。建业里由于规模大，且保存比较完好，在1993年列入第二批上海市优秀历史建筑保护名单。

不同于上海许许多多里弄建筑由于小产权而形成的迷宫般的总体布局和曲折多变的巷弄，建业里的规划结构呈现十分明晰。当年，建业里整体规划，分期建设，规划为具有综合功能的居住区。建筑分为行、商铺、里弄等，还建有一座水塔和公共厕所。这里曾经开设过酱园、南货店、杂货铺、肉店、豆腐店、小学、医师诊所、律师事务所、国药号、洗衣作、米店、煤球店、当铺、里弄工厂、餐馆、面馆等。据1980年代末的统计，建业里有831户居民，约3 000人，到2004年动迁时，约计1 090户。

建业里的修缮和保护从2004年起到2017年止，经历了漫长的策划和功能调整。由于有其不可替代的历史文化价值，建业里最终采用成片保护的方式，创造了里弄住宅保护的建业里模式。由于在动迁的过程中，东弄和中弄的建筑损坏比较严重，经过反复论证，基于历史图纸和档案，同时辅以现状测绘，东弄和中弄于2004年拆除重建，为满足生活品质的需要增建了地下室，地面建筑于2008—2011年按原样复建。西弄则完整保留原有建筑进行修缮。

为了更真切地认识建业里，我们需要在一排排住宅中穿行，欣赏西弄静谧的氛围，需要深入到建筑内部去探求、了解，需要从高处观赏壮观而又极具冲击力的建业里全景。阅读《相遇建业里》能让你了解建业里的前世今生，了解上海。

郑时龄

中国科学院院士

法国建筑科学院院士

同济大学教授

中国建筑学会建筑、学术委员会主席

2021年10月

前言 | 相遇建业里：发现上海

Preface | Encountering Jianyeli: Rediscovering Shanghai

里弄，既是上海城市的空间基底，也是这座大都会的生活底色。

作为上海城市空间格局的基本构成，里弄伴随着上海城市的形成与发展，逐步扩大规模、更新形式，逐渐占据了日常生活的大幅空间，间接促成了"海纳百川、追求卓越、开明睿智、大气谦和"的上海城市精神。同时，里弄细密的空间、亲切的尺度、丰富的组合形式支撑着上海的城市肌理，与历史环境相协调，也与外滩、南京路、淮海路等地摩天高楼林立的都市形象相映成趣。

同时，里弄的功能混合型空间，宜居、宜商、宜业，孕育了现代城市的各个面向——从华人现代金融业的初步形成到工商业的蓬勃起步，从里弄作坊、饮食店铺到学校、诊所会馆，城市的生机画卷由此——展开。里弄更是塑造了上海的文化基因。每一名老上海人的性格、气质里，无不晕染着里弄的气息：理性务实、创新求变，现代而不失传统，时尚又兼顾实用性……

我们对上海里弄的关注与热情始终不减，与其相关的以文化为导向探索多元利用的保护方式也是这座城市恒久的话题。二十世纪八十年代前后，时任同济大学建筑系主任的冯纪忠先生便带领着学生开始了上海旧城改造方面的探索，连续6年围绕旧区改造进行毕业设计，开启了对里弄的现代思考与设计创新。而改革开放四十余年来，从太平桥新天地、田子坊到建业里，在严格保护的前提下，我们真切实践了不同的里弄再生模式，相关更新理念也在不断更迭。如今，我们意识到，里弄不仅仅是不可移动的建筑遗产，还彰显着上海的历史发展脉络和地域文化特征，是海派文化特色的重要组成。曾经在此场所中存在、使用过的物件，或者是空间里所承载过的一项手艺、某些活动，也同样积淀着时代的印迹，成为人们生活经历里共同的情感寄托,既有浓厚的历史文化底蕴,又有鲜明的时代特征。

上海里弄在存在与使用过程中不断地演进,而它的包容性、复合性使其成为独特的存在,创造出无数交流相融的可能——东方与西方文化、传统与现代、乡村与城市,并碰撞出新的思想火花。本书对于建业里这一上海里弄典型样本的解读,让我们有机会更真切地认识上海这座城市在不同历史时期发展积淀形成的城乡空间脉络和文化风貌。从它的投资规划、设计营造,来理解上海金融发展的起因和城市土地的保护历程;从它的建筑空间、设计元素,来领略里弄鲜活的风貌细节和其在现代城市中的转变更迭;从它日常的商业活动、饮食起居,去发现街巷建筑中过往与当下的记忆。

建业里的复新印证了里弄如何与周边的街区融合以完整保护传统风貌、历史街区如何用外铺内里的空间格局来接续现代街区的生活功能,进而衍生出鲜活的上海故事,绘制上海独有的城市名片,塑造"开放、创新、包容"的城市品格,为提升城市软实力提供生生不息的动力。里弄特有的亲切感、日常性,用"烟火气"拉近了我们和过去的距离。那些街道、梧桐树、故居、小楼、咖啡馆、餐厅……似旧若新,焕发出新的姿态,欢迎世界各地的人们来此相会。

让我们遇见上海,遇见生活,让我们相遇建业里。

本书编著者
2021 年 10 月

1　发现里弄：上海城市的基因

Discovering Lilong: The Genes of Shanghai

弄堂的世界是一种内在的世界，

是一个家庭的世界，

它是和中国人的家的感觉、归宿的感觉联在一起的，

所以这种弄堂的真实性，

使得街上行走的上海人没有恐惧感。

——李欧梵，《上海摩登：一种新都市文化在中国（1930—1945）》

透视上海城市百年的窗口

A Perspective to the Century-old Shanghai

"1843 年上海开埠时，整个上海县 50 多万人口，外国人才二十几个。开埠以后人口飞速增加，到 1900 年的时候，上海人口已经突破 100 万。接着 200 万、300 万、400 万，到解放时上海人口号称 600 万，实际上 500 多万。不到 100 年，人口从五十几万增加十倍，外国人从二十几个增加到 1942 年的 15 万……解放初，移民及其后代接近上海总人口的 80%，这是名副其实的移民城市。"

——葛剑雄，《移民与中国：从历史看未来》

近代上海，中西文明的交汇

上海立县七百年，开埠以前已是"襟江带海"的东南重镇。1843 年，在船坚炮利的战争硝烟中上海被迫开埠，"一切都翻了个儿，一切才刚刚开始"——上海结束了漫长岁月里的风平浪静，从此风起云涌，在经济全球化发展趋势的推动下，一跃成为中国最具现代性的工商业中心，大踏步向近代化国际性大都市迈进。

与此同时，1854 年成立的公共租界工部局和 1862 年成立的法租界公董局，引入了一套初具雏形的现代市政制度和城市管理方法，蛮横的"越界筑路"不断打破中国传统社会的桎梏，城市路网开枝散叶般蔓延拓展。西方势力在利益驱使下采取的"争地"手段令世人诟病，但同时很大程度上也影响了上海的旧城格局，推动了上海近代城市空间的开发和扩展。到了十九世纪二十年代初，上海出现了教堂、银行、百货公司，也拥有了宽阔道路、城市排水系统、自来水网，还有点亮城市夜空的煤气灯和电灯，联通全世界的轮船、电报、电话也逐渐走入公众视野，由此奠定了上海城市化发展的基础。

上：上海 1920 年到 1930 年间的
南京路，高楼林立、商业繁华，
有四大百货公司（先施、新新、
永安、大新），远处是当时上海
最高的建筑国际饭店，周边街区
是大量的二层里弄建筑。

　　以城市化、现代化和经济全球化为主题，近代上海打造的都市空间，开启了
一种新的都市空间、生产方式和生活模式。上海的天际线屡破新高，拔地而起的
高楼大厦、公寓洋房成为其都市特征之一；现代都市生活的绝大多数设施在十九
世纪末二十世纪初就被引入上海，一同萌芽的还有秩序意识、卫生观念、契约精神、
公共意识、言论自由、体育精神、休闲观念等先进理念，它们逐渐成长为以"自治、
法治、安全、自由"为基本原则的现代制度和"理性、科学、重商、高效"的现
代思想，最终沉淀为上海这座城市的精神基因。上海在东西方文化碰撞交融的曲
折中不断前行，"呈现出一种中西杂糅、新旧交织、美丑并存的独特发展态势"[1]。
路途中西文化在这里交汇、融合，取长补短，对于上海成为国际大都市，对于孕育、
形成上海人的特质，对于上海城市文化的形成，都有极为密切的关系。[2]

　　历史上，租界是外国势力侵略中国的前站，也是中国眺望西方世界的窗口。
席卷而来的全球化浪潮让那些原本生活在相对封闭文明中的人们如梦初醒，并造
成了恐慌与急迫感。上海老城厢"初则惊，继则异，再继则羡，后继则效"，人
们在对比中由拒斥到接受。1912 年，历经 359 年风雨的上海城墙被拆除、城壕被

填平，在此之上修筑起通衢大道，老城区与城外华界、租界连成一片，并仿效西方现代市政管理办法，大力推进华界公共设施建设和商业建筑开发。中国传统的、以农耕社会为基础的封闭老城改弦更张、主动开放，融入近代都市的发展中。

大卫·哈维曾在《巴黎城记》一书中提到，"城市空间的转变，是城市现代性生成的本质。"现代上海城市从黄浦江与苏州河的交汇处开始起步，黄浦江外滩地区发展成为上海的对外口岸——贸易金融区，从外滩向西延伸的南京路逐渐成为上海最大的商业区，而最早的工业用地则跟随内河运输发展的步伐沿苏州河、黄浦江两岸逐步兴起。"近代中国的城市化过程，在空间上表现为以衙门、官署为中心，筑有城墙的传统型，向以商业区、金融区、工业区为中心、城区结构和功能出现明显的分工，并打破和拆去封闭的旧城墙的现代城市演进的过程。"[3]

开埠通商，首先从贸易层面实现了中国传统社会的开放态势，使中国经济融入了世界市场；通商口岸作为直接与西方现代文明接轨的支点，一点点撬开中国农耕社会墨守成规、静态自守的坚硬内壳。"就在这座城市，胜于任何其他地方，理性的、重视法规的、科学的、工业发达的、效率高的、扩张主义的西方和因袭

左：外滩引入了西方的金融、贸易、商业、建筑、运输等，成为了中国近现代城市的标志。

右上：豫园湖心亭绘画。

右下：19 世纪上海县城图，以及按《上海县续志》绘制的 20 世纪初上海城内外街道图。

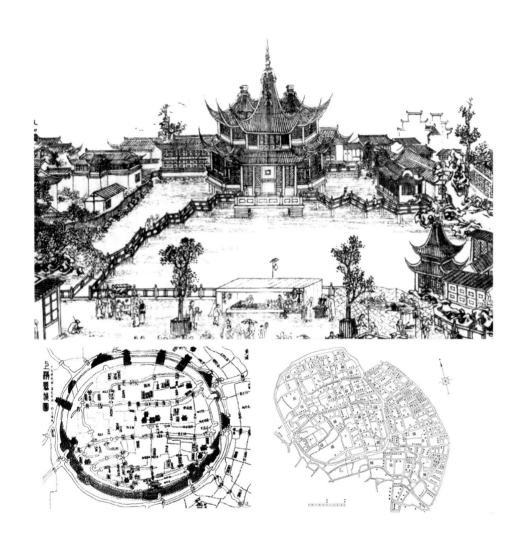

传统的、直觉的、人文主义的、以农业为主的、效率低的、闭关自守的中国——两种文明走到一起来了……现代中国就在这里诞生。"[4]

近代上海成为一个中西文化不断冲撞的开放型大都会，持续不断、数量可观的中外移民为近代上海的城市化、工业化、国际化发展提供了资金、产业、人才和市场的支撑。"1843 年上海开埠时，整个上海县 50 多万人口，外国人才二十几个。开埠以后人口飞速增加，到 1900 年的时候，上海人口已经突破 100 万。接着 200 万、300 万、400 万，到解放时上海人口号称 600 万，实际上 500 多万。不到 100 年，人口从五十几万增加十倍，外国人从二十几个增加到 1942 年的 15 万……解放初，移民及其后代接近上海总人口的 80%，这是名副其实的移民城市。"[5]

上海里弄：都市住宅营造

"站在一个制高点看上海，上海的弄堂是壮观的景象。它是这城市背景一样的东西。街道和楼房凸现在它之上，是一些线和点，而它则是中国画中称为皴法的那类笔触，是将空白填满的。当天暗下来，这些点和线都是有光的，在那光后面，大片大片的暗，便是上海的弄堂了……这东方巴黎的璀璨，是以那暗做底铺陈开。"[10]

——王安忆，《长恨歌》

"里弄"这一名称，源于中国传统的基层建制和对城市街巷的称呼。早在元代上海建城时，就继承唐制，以百户为里。弄，则是吴地方言中对于小巷和民居聚落的称呼。后来，里、弄并义，都泛指城市居民的聚居点。[6]

如果说胡同是北京"帝都"的灵魂，那么里弄便是上海"魔都"的底色。旧上海的城市建筑有两张名片，一张是标新立异的"万国建筑"，另一张就是同期建造的上海里弄。据二十世纪五十年代初的统计，到 1949 年，上海有弄堂建筑

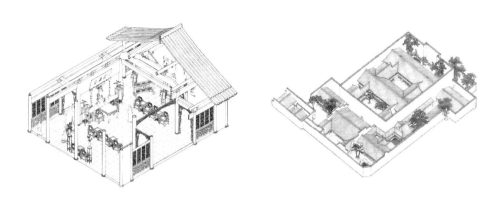

9 000 余处、20 万幢、2 200 余万平方米，约占全市住房总量的 60%~70%，上海 70% 的市民都居住在里弄住宅中。除了少数外侨与富人（约占 5%）住在花园住宅、高层公寓，100 多万底层平民住在棚户区之外，其他居民（包括中国与外侨白领）都居住在各式里弄中。相比霓虹闪耀的商业中心，霓虹灯外的"弄堂的世界是一种内在的世界，是一个家庭的世界，它是和中国人的家的感觉、归宿的感觉连在一起的"[7]。里弄是千千万万外来移民展开城市生活的家园，构建起了近代上海这座国际大都会最初的背景和底色。

上海里弄住宅大约产生于 19 世纪 60 年代前后。1853 年上海小刀会起义，大量难民迁居租界，原本华洋分居的局面被打破，人口激增促使房地产商建造大量房屋出租出售，谋取厚利。因最初建造的简陋毗连式木板房屋易燃，为难民和华人提供居住的砖木立帖结构的里弄住宅应运而生。其在江南传统建筑的基础上，吸收了欧洲联排式房屋的布置格局，形成了一种前所未有的里弄住宅新风格。一幢幢住宅按照统一的样式毗连：单体建筑的造型和结构基本相同，约十幢房子成为一排，前墙通联，隔墙公用；排与排的组合采用行列式，通过同一条弄堂进出家门，弄堂则与街道马路衔接，设有栅门，晨启暮闭。

石库门里弄住宅不仅吸收了欧洲联排式房屋的布置格局，也汲取了工业化生产的逻辑。这些批量建造、样式规格统一的房子，并不亚于流水线上的工业产品。梁秋实对其的形容再贴切不过，"一楼一底的房没有孤零零的一所矗立着的，差不多都像鸽子窝似的一大排，一所一所的构造的式样大小，完全一律，就好像从一个模型里铸出来的一般。"[8] 由于它们用地节约、造价不高、功能适度，早期持有房屋再出租的利润高达 30%~40%，甚至超过了进出口贸易，因此吸引众多外商投资建造。里弄住宅的开发成为近代上海最早的房地产业，这座城市迎来了住

左：上海凡尔登花园住宅单元平面图，建于 1925 年。

右：改造前的建业里，以及建筑的拱券细部。

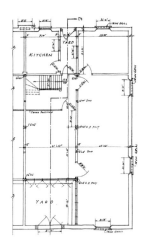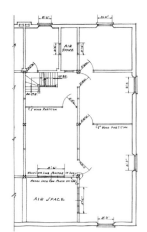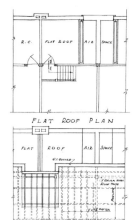

宅商品化的巨大冲击。

由资本主导的房地产投资、商业开发、规模营造、投机性经营，使得上海城市飞速发展。城市住宅从农耕社会小农式的分户分散自建单幢住宅，变成了由开发商主导、成批建造、多幢联列集居的"商品房"。开发、建造、经营过程中贯穿着标准化、集约化、规模化、工业化等特征，并通过开发商大批量、低成本的商品住宅供给，降低了单位成本，扩大了经济效益。比如新式石库门里弄，少则几十幢，多则上百幢，甚至几百幢。主弄连着侧弄，侧弄又连着小侧弄。密集的行列式布局，好比书页上的字，细细密密，一行复一行，建筑密度高达70%~80%，在一定面积的土地上最大限度地提高了利用率。

"里弄房子最早出现在南京路，很快在市区各个角落兴建起来，19 世纪末已经成为上海最主要的民居样式。20 世纪 40 年代末期，超过 72% 的上海住宅都成了这种样式，而其中 3/4 为石库门房子。在石库门建筑出现超过了一个世纪以后，它仍然是上海最主要的民居样式。"[9]

高密度的里弄住宅之所以发展成为近代上海大都会最主要的居住形式，源于

大量移民的持续流入。从 1843 年上海开埠以来，"直到 1895 年为止，上海几乎仍旧是个纯粹经商的城市，因此人口从未超过 50 万。"[4] 进入二十世纪，借助于开埠口岸城市在贸易上赚到的资本积累，制造工业在上海突飞猛进，"建立了中国现代工业制造的中心，拥有全国机械化工业的半数。上海的四百万人口使它成为全世界最前列的五大都市或六大都市之一。"[4] 根据上海市人民政府于 1950 年 1 月公布的《1949 年上海市综合统计》，当时上海有近 500 万（实际统计数字为 4 980 992 人）人口，其中非上海籍贯的居住人口占到 84.9%。伴随人口飞速增长，住宅建设存在巨大缺口，"石库门"以及由此派生的各式里弄则以经济、集约的格局和建造方式在一段时间里解决了大部分外来人口的居住问题。

"上海的弄堂是形形种种，声色各异的。它们有时候是那样，有时候是这样，莫衷一是的模样。其实它们是万变不离宗，形变神不变的。它们倒过来倒过去最终说的还是那一桩事，千人千面，又万众一心的。" [10]

在工业发展、资本投入和城市化的推波助澜下，上海的里弄住宅以惊人的速度繁衍，不仅有不同地段、多种档次的区分，适合不同收入群体的消费阶梯，而

左上：上海老城区保留着的传统城市风貌特色，以及里弄住宅的立面和剖面。

左下：传统里弄住宅的平面格局。

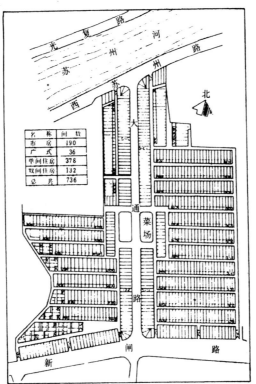

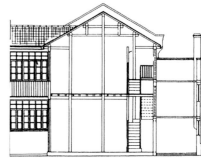

且不断推陈出新、升级换代：从早期的旧式石库门里弄到中西合璧的新式石库门里弄，又从新式里弄到公寓里弄花园里弄，各种形式风格与组合层出不穷，可谓各有千秋。若追溯其渊源，多属你中有我、我中有你，呈现中西融会、新旧贯通的师承脉络与形式渊源，是各取所需式的演绎与创造。

上海早期的里弄住宅（旧式石库门建筑），出现的时间段大约是十九世纪末至二十世纪初，在植入西洋建筑联排式住宅的构架的同时，在造型和空间上保持了中国江南传统民居样式：空间格局沿袭了江南传统民居"客堂—天井"的布局，平面上多为三间两厢或二间一厢，结构多为传统的砖木立帖式，外墙多为石灰粉刷，依然是粉墙黛瓦马头墙，进门处都有一个颇为讲究的门脸，乌漆厚实的大门上方炫耀着明清风的砖雕瓦顶，努力撑起传统家族生活的体面和尊严。

"那种石库门弄堂是上海弄堂里最有权势之气的一种，它们带有一些深宅大院的遗传，有一副官邸的脸面，它们将森严壁垒全做在一扇门和一堵墙上。一旦开门进去，院子是浅的，客堂也是浅的，三步两步便走穿过去，一道木楼梯出现在了头顶。木楼梯是不打弯的，直抵楼上的闺阁，那二楼临街的窗户便流露出风情。"[10]

老式石库门里弄主要供给来自江浙一带的举家涌入租界避难的地主、富商、官绅等，其基本格局像江南深宅中的最后一进，纵长的空间结构逻辑和乡土建筑元素都指向了历史的原貌，建筑风格也与江南民居十分接近，顺承了中国式住居数代同堂的传统，成为当时守旧的大户人家城市生活的容器。但石库门住宅局促有限的面积无法铺展中正绵长的轴线和严格繁复的空间秩序，也无法支撑传统大家庭"长幼有序、尊卑有别"的伦理纲常与秩序等级，"有规有矩"的排场礼俗和大家族生活方式在石库门里弄中日渐式微。

1910年代后，中西合璧的新一代石库门里弄逐渐取代旧式石库门住宅，转而迎合单身移民与核心小家庭的需要，以二间一厢及单开间的形式为主，"占地面积只有19世纪70年代建筑的U形石库门房子的1/4。"[9]以建业里为例，全弄254幢，总体构成以行列式布局分列22排，每排由11~14个单元构成，除去两端或一端为带厢房的双开间，其余都是单开间的一楼一底，单开间平均每户面积也就110平方米左右，由四个部分组成纵长的空间序列：石库门墙和天井—前宅（客堂和前楼）—楼梯间—后宅（灶披间、亭子间、晒台），延续了中国传统民居的空间层次与伦理特征。

石库门内部保留了中式的空间结构和装饰，外立面则展现了时代影响下的西方特征，建筑风格融合了中西互动的潮流特征、亦古亦今的历史资源和时代信息。仍以建业里为例，中国人最为重视的门面上，出现了具有现代风格的立柱和门头雕饰，用石灰勾缝的机制清水红砖取代纸筋石灰白粉墙，机制红瓦取代传统小青瓦，中弄东弄借鉴西式风格元素的山墙与西弄叠落的徽派马头墙彼此映照，一座座半圆拱券门洞和过街楼区隔主弄与支弄，一些细部采用西式线脚装饰，甚至带有装饰艺术的痕迹……中西古今折衷拼贴，倒也嫁接得很好。

从多开间房子到单开间房子的转变以及单开间房型的普及，反映了二十世纪早期来到上海的移民组成情况的变化：从社会精英阶层——富有的地主、商人、官僚家庭等，变成了充满活力的城市新兴中产阶层——既有职场人士，也有创业者和自由职业者，包括了企业主、商人、公司职员、医生、律师、教师、工程师、技术工人等。

这种改良调整到二十世纪二十年代左右逐渐成熟，并演变出一种新的住宅类型——新式里弄住宅，一种有矮围墙、花园、出挑阳台和卫生设备的新式住房。它是为适应当时崇尚西方生活方式的富裕阶层、小型家庭的独住需求而建造的，是颇有经济实力的新潮的中产阶级的首选。

新式里弄房屋结构新颖,以西式的起居室和餐厅为中心,讲究使用功能划分明确,有起居室、卧室、浴室、厨房等,在平面上以单开间联列居多数,趋向进深变浅,而开间加宽,通风采光均有改善。它虽比不上花园洋房,但有全套卫浴设备,并安装煤气灶。在建筑式样上新式里弄也摆脱了石库门模式。

"新式里弄是放下架子的,门是镂空雕花的矮铁门,楼上有探身的窗还不够,还要做出站脚的阳台,为的是好看街市的风景。院里的夹竹桃伸出墙外来,锁不住春色的样子。但骨子里头还是防范的,后门的锁是德国造的弹簧锁,底楼的窗是有铁栅栏的,矮铁门上有着尖锐的角,天井是围在房中央,一副进得来出不去的样子。"[10]

比一般中产更有实力的人群,可以选择更上档次、更高标准的花园里弄。这种住宅由联排式变成了半独立式,注重建筑绿化和环境,住在其中的业主们是新起的阶级,代表着社会的中坚力量。"一幢幢西式楼房,半地下的汽车间停着汽车,花园里栽着玫瑰花,小孩子穿吊带短裤、白线长筒袜牛皮鞋,仆佣送去上洋学堂,钢琴弹着奏鸣曲,不是从这窗户就是从那窗户传出来……"[11]然而对于大多数人来说,这样的房子、这样的生活只能艳羡。

二十世纪四十年代公寓式里弄出现,始于石库门的上海里弄建设进入尾声。公寓式里弄住宅不再是联立的,而是一种分层安排不同居住单元的集合式住宅。它们的外观与新式里弄相仿,虽然没有花园别墅大,室内布置也没有高层公寓讲究,居室面积也较小,但卫生、煤气及暖气装置齐全,房间功能全然按照西方生

左：上海传统里弄中开饭与画
小人书的场景写照。

右：上海传统里弄中设于路边
的剃头铺与日常生活场景。

活方式布置。

从最初的江南士绅宅邸到富裕阶层住宅，再到中产阶级寓所、中下层市民的栖身之地，以石库门为代表的各式里弄一度成为近代上海市民最普遍的住宅形式，也是现代都市生活方式和生活品质的象征。伍江教授认为："石库门作为近代文化的象征，是上海人开拓一种有别于传统方式的新生活的标志，是上海人趋向新文明的开始。"千百年来，农业社会的住宅依据传统范本建设或重建，"传统的文明忠于它们习惯的生活场景，一所15世纪的中国房屋的陈设与18世纪的相同。"[12] 晚清民国是一个新旧交界的变革时代，沿袭二千二百多年的帝制被推翻，西方的物质文明长驱直入，中西古今的种种思想资源和复杂的情感体验在其间"错综交织、融会冲突"。快速变迁的里弄是这个急进转型时代主要的住居形式，其承上启下的地位、兼容并蓄的风格，体现了它所置身的时代土壤之氛围。究其实质，从传统中国民居到石库门里弄住宅的变化，是一种城市住居范式的转移、住居理念的进化，是生活质量的提升，也是城市住居的近现代再造。

里弄生活：孕育海派文化

"近代海派文化，是以明清江南文化为底蕴，以流动性很大的移民人口为主体，吸收了西方文化某些元素，以追逐实利为目的，彰显个性、灵活多变的上海城市文化……它们有以下四个共同点，一是趋利性或商业性，二是世俗性或大众性，三是灵活性或多变性，四是开放性或世界性。四点之中，最根本的是趋利性。其他世俗性、灵活性与开放性的基础仍是趋利。"

——熊月之，《"海派文化"的得名、污名与正名》

"海派文化是上海众多文化的一部分。对于上海这样一座活跃的、经常处于交流状态的城市而言，不可能只有一种文化。但海派文化却是最具上海城市精神的，气质独特，是上海生活最生动的提炼与呈现。"[13] 广义的海派文化不仅涵盖绘画、戏剧、音乐、文学等文化艺术门类，包括住宅建筑、装饰、家具、娱乐、饮食、服饰等物质生活方式，还涉及行为方式、价值观念、审美情趣等方方面面。

　　住宅是生活的容器、文化的结晶。以石库门为代表的各式里弄是千千万万上
海市民最常见的生活空间，最能代表近代上海城市文化的特征，也是近代上海历
史的最直接产物，多少故事、多少人物、多少记忆与石库门及亭子间紧密联系在
一起。它是大都会市井生活的集锦，鲜活生动市民文化的真实反映。它如同一面
镜子，折射出近代上海城市的文化特征和精神气质。

　　近代海派文化的根本特征是商业的、趋利的，其影响不仅覆盖繁华大街商业
中心的公共空间，也延伸至背街小巷各式里弄的私人空间；不仅贯穿在里弄住宅
的开发、设计、营造、租售经营活动中，也渗透在里弄住户的日常生活中。比如，
民国时期的上海，由于住房建设远远跟不上需求，转租渐渐普及开来。精明的房
客将一幢石库门房子的房间拆分转租赚取差价，当二房东成了一桩热门生意。独
门独户的石库门房子被一再分割："客堂间向前扩展，占据了原先的天井；客堂
间分成前客堂和后客堂两间；后客堂天花板高度降低，在后客堂顶上和二楼卧室
之间多出一间房，称为'二层阁'；二楼的卧室也分为前房和后房；二楼的天花
板高度降低，多出一间'三层阁'……经过这番改造，单开间石库门房子的楼层

面积扩大了 50%，一幢原来只能住八九人一家子的房子现在可以容纳 15~20 人，或者 4~9 户人家。"[9]

近代海派文化是海纳百川、开放多元的，以流动性很大的移民人口为主体塑造。里弄本身就是个开放多元的小世界，不存在因籍贯不同而形成社区隔离的现象。上海滑稽戏《七十二家房客》描绘了在上海某弄堂的一幢石库门房子内，住着大饼摊的老山东、苏州老裁缝、洗衣作坊小宁波、小热昏杜福林、卖香烟的杨老头、小皮匠、舞女韩师母、金医生等七十二家房客。"七十二家房客"之说虽然夸张，却是石库门租户来自全国各地、身份职业差异悬殊的生动写照。在小得像鸽笼的房间里"螺蛳壳里做道场"，呈现了大都会大时代中普通小人物的生存图景，以及这些小人物在巨大生存压力下的精明算计和坚韧面对。

对于千千万万从乡下来到大都市、落脚里弄的外来移民而言，异质程度很高的里弄在日常生活层面呈现出一种新的都会生活方式，是文明新生活的启蒙课堂："无论哪一省哪一府哪一县的人，到了上海不需一年，就会被上海的风俗习惯所融化，化成了一个上海式的人，言与行两大条件，都会变成了上海式，至一衣一

左：上海传统里弄中的木匠与路边小吃摊。

右上：在上海传统里弄中经营生意的书画掮客与裁缝铺。

右下：改造前的建业里。

履之微，那更不用说了。"[14] 随着时间的推移，外来移民的谋生方式、消费方式、行为方式、生活习惯，乃至价值观念、审美情趣等都发生了"上海式"的变迁。

近代海派文化是世俗的、大众的。以石库门为代表的各式里弄，是上海市民文化的孕育场所与发生空间，是其成长发展的肥沃土壤，也是承载海派文化消费与人群的场所、空间。在各式里弄住宅中，从客堂间收音机里传出的，是周信芳的改良京剧、幽默"好白相"的上海方言滑稽戏，从前楼电唱机传出的是风靡一时的流行歌曲《何日君再来》《夜来香》，房间床头摆放的是描绘社会奇闻秘事的小报期刊、鸳鸯蝴蝶派的言情小说、黑幕小说，墙上张挂的是时装美女的月份牌广告、写实通俗的社会风情画……里弄住户是城市新生的市民阶层，是城市流行文化的消费者，他们按照自己的趣味爱好和欣赏能力影响、改造各种文化。那些与传统儒学观念对立的、个人主义的、娱乐的、中西古今杂烩的，恰恰是为小市民代言的，为大众喜闻乐见。"美术、音乐、戏曲、小说等文学艺术不再单纯

是传统意义上文以载道的工具，同时也是一种商品"[15]，一种糊口谋生的职业，需要迎合庞大市民的口味，适应来自五湖四海新移民的需要。

近代海派文化是灵活的、多变的，不断翻新花样、制造时尚、追逐世界潮流，构建起上海新都市文化的迷人魅力。近代资本主义的发展突破了前现代社会的静态秩序和固有边界，异质文明间的交会和交流产生了新的都市文化，变化成为必经的过程，混杂被视为值得肯定的价值。作为创制这种具现代性观念的文化产品的中心，近代上海的文化出版机构占全中国的80%。若以小说为例，民国初年供小说发表和连载的媒体，就有"杂志一百一十一种，大报副刊四种，小报四十五种"[16]，给予市民丰富多彩的"精神食粮"和休闲方式。这座城市因此吸引了中国最为卓越的知识分子，激励他们创作出影响了整个时代的经典。

由于繁华大街、商业中心租金高昂，1949年上海大大小小约600家出版社、印书馆和书店中的一大半开在里弄中，书报编辑出版是在里弄中开设最多的行业之一。同时里弄也是外来文化人生活的地方，除了少数有能力租下整幢房子的成功作家，他们中的大部分人是刚刚来到上海的年轻知识分子，以当自由撰稿人为生，暂时租住在石库门房子的亭子间里，以至于"亭子间作家"几乎成为近代上海作家的代名词。他们在亭子间写字台前读书写作，在弄堂书摊书店里淘书买书，在弄堂茶室中看报消磨闲暇……里弄是他们观察上海社会人情世态的窗口，滋养他们思考、描摹和创作。著名作家巴金就把他的"亭子间"日子，写入小说《灭

上：改造前的建业里内弄。

下：建业里最初的设计图纸。

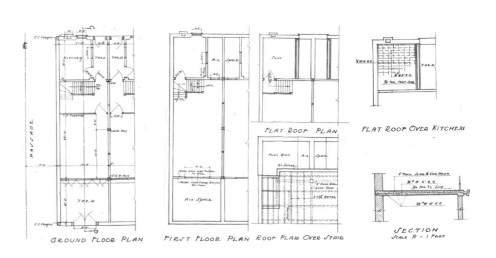

亡》；剧作家夏衍在石库门房子里住了十多年，创作了经典话剧《上海屋檐下》，描述石库门居民的悲喜人生；著名作家张爱玲的小说《半生缘》，就用各种细节营造了女主人公生活的石库门里弄的日常世界……

文字之外还有影像，民国时代的著名电影《马路天使》《十字街头》《乌鸦与麻雀》等，也将镜头聚焦在里弄绵密叠加的日常生活场景上：一板之隔的爱情、听壁脚戏的邻里、家长里短的闲话、捉襟见肘的生计、有来有往的互助……这些作家、演员、画家、音乐家、电影明星等，他们的创作囊括了不同的声音、多重的视角，丰富并且发展了上海特色的地方文化；这些文字、图像、影像和声音等，充满了旧上海独有的市井气息和饱满的生活细节，承载了丰富的时代信息，展示了上海普通市民的生活方式、思想情调以及多样化的文化趣味。

寻找石库门里弄： 建业里
Seeking Shikumen: Jianyeli

建业里兴造

　　建业里的兴造，与近代上海法租界的"西进运动"、城市化进程紧密相连。1914 年，法租界公董局第三次越界筑路，向西扩张至徐家汇地区。原本郊外溪涧纵横、村落散布的沃野平畴被纳入法租界辖区，在此辟建了二十多条马路并开通公交线路，配套水、电、煤气、通信等城市基础设施，带动了这一地区的房地产开发经营，近郊的乡村田园日益城市化。

　　1930 年左右，在原福履理路（今建国西路）、祈齐路（今岳阳路）转角处，出现了一片新式石库门里弄——建业里，其占地面积 17 400 平方米，建筑面积 20 400 平方米。整体规划分为三条里弄：东弄（建国西路 440 弄）、中弄（456 弄）和西弄（496 弄），都是一单元一户人家，共计 254 幢，分列 22 排，占据半个街区，是法租界内规模相当大的建筑群。

　　建业里名中的"建业"二字，来自该地块的开发商中国建业地产公司。在西弄的标志性山墙上，装饰有一块圆形标记，雕刻有 F、I、C 三个字母组合而成的标识

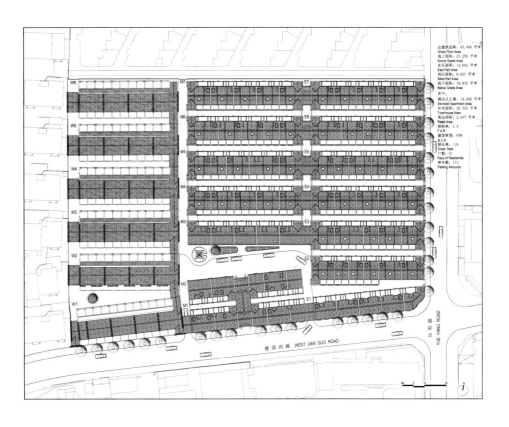

上：建业里总平面图。

花纹，代表的即是中国建业地产公司的法文缩写。中国建业地产公司（Foncière et
Immobillière de Chine，以下简称建业公司）成立于 1920 年，作为法商万国储蓄会
（International Savings Society，简称 I.S.S.）的下属子公司，在上海投资兴建了大量
的中高档里弄、公寓、洋房，用于收租、出售获利或者给董事自住，其中不乏现在
公众耳熟能详的上海老房子：建业里、步高里（Cité Bourgogne）、武康大楼（原名
诺曼底公寓，I.S.S Normandy Apartments）、淮海公寓（原名盖司康公寓，Gasconge
Apartments）、瑞华公寓（原名赛华公寓，Savoy Apartments）、衡山宾馆（原名毕
卡第公寓，I.S.S. Picardie Apartments）……原"法租界"内的地皮曾差不多有一半
属于万国储蓄的产业，建业公司也成为当时在沪法商中最大的房地产公司[17]。

　　位于建国西路上的建业里、步高里是建业公司早期开发经营的石库门里弄项
目，瞄准的是在附近工作的中产人士。当时上海特别市政府和一部分机关在肇嘉
浜南、枫林桥一带办公，部分电影公司在大木桥一带搭建摄影棚，公务人员、电
影演员、公司职员都希望工作场所附近有房屋租住。

　　兴建于 1930 年的建业里总体呈行列式布局，每排由 11~14 个单元构成，每

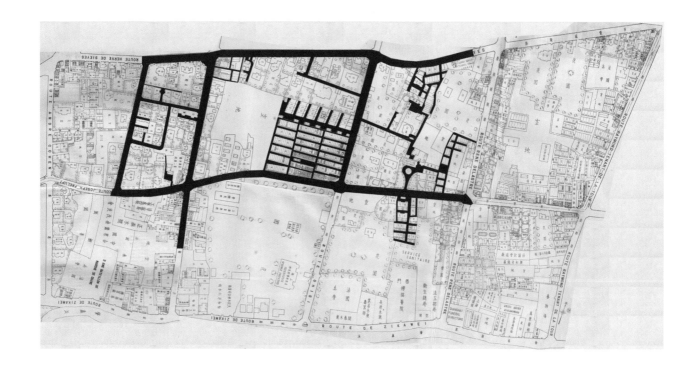

排住宅中间户型为单开间，两端或一端为带厢房的双开间。单开间平均每户面积仅为 110 平方米左右。每个独立的标准单元自南而北从结构上可以分为四个部分：石库门墙和天井—两层前宅（客堂、前楼）—联系前后宅的楼梯间—两层或三层后宅（灶披间、亭子间、屋顶晒台）。其中前宅为砖木混合结构，提供主要的生活空间，后宅为混凝土板，进一步加固结构，提供辅助用房。前后宅错层处理，由木结构楼梯间连接。建业里在建筑外观上运用了西洋的立面形式和建筑材料——清水红砖墙、顶端覆盖红色筒瓦的山墙等，而在造型和空间上依旧延续了中国传统住宅的中心轴，强调围合、轴线和层层递进的空间秩序以及形式感。虽然没有独立煤卫设施，设计标准也不高，但是从一单元一户的设计初衷来看，依然算是一处小康的住宅区，紧凑的户型迎合了有稳定收入来源的单身人士或小家庭的租住需求。

1931 年 1 月 20 日至 2 月 1 日，《申报》上刊登了建业西里（还有步高里）的招租广告，以交通便利、配套完善为宣传点，单开间每月租金开价 35 元，双开间则是每月 80 元[17]。从价格定位来看，大约是面向稍微富裕的中产阶级。不过 1930 年 11 月 22 日《申报》上刊登过另一则建业里的竣工预告，明确提到"单栋可分七间用"，可见当时开发商已经预见到"二房东"的潜在商机，加上建业里屋内并不设卫生设施，建造之初即当作未来可以分租的住宅产品也不无可能。总之，对于开发商而言，尽量在最短的时间内回收投资才是获利的关键。

以逐利为目标的石库门里弄开发为建业公司带来了丰厚的回报。这一时期，最初只有 100 万银两初始资本的建业公司生意开始做得风生水起：1930 年盈余 36 万银两，1931 年盈余 31.3 万银两，1932 年盈余 26.7 万银两。滚滚而来的利润从侧面证实，"房地产业逐渐成为上海最重要的产业之一和租界当局最重要的税收来源。"[18]

总体而言，上海西区以建业公司为代表的外商在房地产行业的垄断与强势，带来了西方国家一些先进的城市建设理念，对于城市整体基础设施的建设和改善起到了很大作用，在中西文化融合上也不乏独树一帜的设计与建造。随着建业里大型住宅区的落成，周边同步或陆续跟进建造的有装饰艺术风格的上海自然科学研究所、西班牙风格的新式里弄懿园、中科院上海分院、花园里弄循陔别墅，位于岳阳路 190 号的独立式花园里弄……

至二十世纪四十年代末，建业里周边地区在城市空间和肌理、街坊组成方式、街道空间和建筑风格方面，逐步演变成与今天十分相似的风貌特征：大街上的梧桐树挺直葱茏，各式花园住宅、公寓和新式里弄星罗棋布，教堂、学校、医院、科研文化院所穿插点缀，还有球场、花园、草地铺展其间。新潮的城市生活方式和文化氛围是这个区域的基本特征，并在城市空间方面实现了自然环境与城市性之间的权衡与互补，是当时新兴中产人士和富裕阶层生活的综合功能街区。

左：上海市行号路图录中的建业里建筑与街道相融的空间关系。

右：1930 年代传统广告中电话、电灯、家具在里弄中的使用。

《上海市行号路图录》

近代上海是高度商业化的大都会，"拥有较之中国过去任何时期更密集和更高的商业文化"，商业成为城市发展的主要动力，广泛渗透于社会各阶层之中，深入到城市的每一个角落。即便远离外滩和南京路繁华的商业中心，在背街小弄的石库门内外，也充斥着五花八门的商业形态，商号星罗棋布。发达的商业催生了《上海行号路图录》（又名《上海商业地图》）的发行，初版于1939—1940年，再版于1947—1949年。

认识一座城市，可以从读懂一张城市地图开始。要了解七八十年前的上海商业，则可以从《上海行号路图录》起步。这本图册以商号、道路为基础，系统完整地描绘出上海作为近现代商业都会的风貌。纵横交织的道路网络中，各种商业业态、布局、位置，以及城市中的机构、建筑、场地、绿化等，都被客观、精准、详细地呈现。图录按照适当的比例尺，以建筑投影的方法作二维图示和内容标注，通过工业印刷，面向大众公开发行。

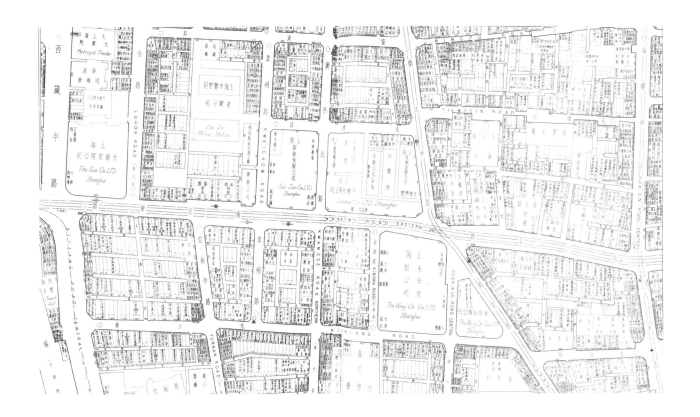

上：《上海市行号路图录》中南京路"四大公司"地块，里弄已经成为中心城市基本的背景。

每一片里弄都是城市独特的单元细胞。翻看每一页图册，紧凑排列的里弄建筑几乎占据了大片区域，成为近代上海最基本的底色。图录还忠实描绘了里弄住宅与商业服务参差错杂的生态构建形成，全景式呈现了上海普通居住区的市井百态。通过分析、比较这些里弄单元的结构、功能、形成的自组织关系，能够了解当时上海城市生活的真实状态。

以建业里石库门里弄为例，根据 1939—1940 年、1947—1949 年的行号路图录，在建业里的 254 个住居单元中，除了常规的外铺内里，沿建国西路马路有一部分店面房屋外，沿着主弄进口两侧，以及进入主弄后的第二、第三排建筑之间、面向楔形广场也开设了两排店铺，共 40 个单元。店铺深入里弄内部，这在二十世纪三十年代的上海里弄中比较少见。因为当时的上海西区尚未开发到位，较于繁华的霞飞路（今淮海路）西行，过了善钟路（今常熟路）完全是另一种场景：大部分马路未通公交，一片片农田菜地中，间或有平房小巷小店。建业公司选择这样偏僻的地方建造一个大型里弄，必然需要配套衣、食、购、育、医、乐等各种设施和服务，才能满足当时中产人家的日常生活需要。

　　根据行号路图录的记载，二十世纪四十年代的建业里共计有 70 余家单位沿街布置或在弄内驻扎，其中有弄堂工厂 5 家、开业律师事务所 2 家、医师诊所 7 家（中西医）、水木作 2 家、私立小学 2 所——"校舍就是一楼一底的房子，灶披间作了办公室兼号房，还兼了学校商店，楼上楼下是两个课堂，天井里搭了凉棚"[19]，体育课则在弄堂中进行，孩子们在狭弄中活动奔跑。当然，最多的还是与居民日常生活需求密切相关的小商店，它们门面小、不起眼、货色碎杂，鲜有昂贵罕见的售卖品，却都是日常必需：与吃相关的有饭馆、面馆、米号、面坊、杂粮铺、酱园、肉号、水果店、南货店、豆腐店；与穿衣打扮相关的有布店、鞋帽店、洗染、成衣铺、理发、皮匠作；与日用相关的有烟纸店、老虎灶、一元商店、当铺、钟表、煤号、药店。这些店铺大多为一个开间，下铺上住，或店主在附近租房。这让建业里不仅是一个生活的社区，也提供了多种多样的谋生途径和机会，是民国时代小企业主、中小有产者与自由职业者维系生计的场所。

　　近代上海吸引各方移民的是生计、利益和机会。对于那些拥有一定资产的小业主、有一门手艺的小手工业者、头脑灵活的小商贩小店主，拥有特殊技能的工厂工人、受过一定教育的职场人士或自由职业者而言，无论他们做的是何种生意、何种工作，他们中的大多数是移民而非上海本地人。是否拥有一份稳定的工作和

左：上海传统里弄商业生活的生动写照，美食小店在贺友直先生的笔下形象逼真、呼之欲出。

右：里弄小学。

一处位于市区的住所，是评价一个人是否"城市化"的基本标准，也是外来移民获得安定、体面和归属感的标配。嵌入石库门街区五花八门的行当、形形色色的顾客、斤斤计较的谈价，如是种种既是挑战又蕴含了生存机会，"是上海的商业世界及上海城市文化的一个基层组成部分"，为新移民立足城市、融入社会提供了学习机会和踏板，帮助他们习得不同于传统社会的谋生方式、消费方式和生活方式，包括商业文明的契约精神、职业道德和法制观念，由此在上海大都会的激烈竞争中获得生存与发展。

　　在上海大都市的繁复结构中，里弄是一个小单元，但麻雀虽小，五脏俱全。建业里绵密紧凑的里弄社区自成一体，微小却又充满生机的商业和活动，组成了三百六十行的市井万花筒，以市场化、经济化手段实现了都市单元生产、交流和交换的正常运转，基本满足了当时中产阶层人家日常的物质需要和服务需求，是他们居住、工作、娱乐、社交以及日常购物之地。

梧桐背后的里弄生活

"城市的本质是生活。"

——刘易斯·芒福德

　　从前，人们沿着江南的小河找到回家的路，河流、大树、门楼、围合的院落成为家园的记忆和标志，人们在内向型空间中找到安全和归属。到了近代，这样的居住传统在上海石库门里弄中得以延续。建业里外围由原福履理路（今建国西路）和祁齐路（今岳阳路）围合而成，占据了街角位置。街道两边种植高大的梧桐和枫杨，梧桐树下挤挨着的街面店铺、弄口过街楼下幽长的门洞，形成了一道深邃的屏障，也划分出一条生活的界限，为居民们带来私密的安全感。弄口过街楼上镌刻的"建业里"弄名，强化了以居住地为基础的空间与身份认同。一旦跨入门洞，随即就没入了上海石库门里弄的世界，这里的生活节奏押着另一个时间的韵律。

左：梧桐树后的建业里。

右：建业里修复前后对比图与测绘图纸。

传统里弄空间具有生长性特征，长期的高强度使用与分割搭建，不断赋能建筑、激发空间潜能。为应对日益膨胀的居住人口，建成后建业里的居住空间历经了长久的迭代重构，独门独户变成一门多户，每一幢房子就像切蛋糕般，不断分割出更多房间……

里弄空间形塑了里弄生活，里弄生活又重新定义了里弄空间，原本整齐划一的里弄三维空间在不断增建叠加中，形成迷宫般的丰富与错综。这一切像极了埃舍尔的图画，清晰的建筑秩序、对称的空间节奏看似循环往复永无止境，但是空间结构却在渐变中形成了图底转换、主题易帜的拓扑关系。

拥挤的居住状态迫使居民不断尝试打破边界、创造新的生存空间，房前屋后的公共弄堂承载了生活空间多维度的延伸，功能与价值越来越丰富多元。从清晨到傍晚再到深夜，弄堂里各种人物和活动轮番登场，像是电视连续剧循环播放，每时每刻都进行着各种活动：家务活动有生煤炉、倒马桶、洗衣晾衣、拣菜洗菜等；娱乐社交休闲的活动有小儿结伴嬉戏、学生做作业、爷叔扎堆下棋、婆婆妈妈打毛线聊天等；流动的摊贩和手工艺人也会挑着扁担在弄堂里逡巡，提供日常生活所需的各类零食、夜宵以及家庭日用品的小修小补，乃至上门收购破旧物品

等服务。居民面向弄堂的后门后窗经常敞开着，闲来无事的人们喜欢透过窗户或门洞观察周围的邻居——哪家煨了牛肉汤，哪家来了客人，谁晚上出门坐黄包车，谁家儿女在谈恋爱这类事情很容易被邻居知道，家长里短在左邻右舍的口耳相传中散播开去。

物质环境的构成同样影响了社会交往的质量、内容和强度，近乎零距离的邻里模式是石库门里弄经常被人诟病的，但也是其优势和长处所在。相比现代公寓、高层住宅的社交疏离，石库门里弄的邻里关系要密切得多。相遇、相识、相知的过程浓缩成极短的时间，人与人之间由匆匆一瞥到语言交流的建立再到默契的守望相助，"远亲不如近邻"是这里生活的真实写照：一户人家包了馄饨或饺子，会与他们的邻居分享；上班时突然下雨了，隔壁阿姨会帮忙把晾在外面的衣服收进来；小孩独自在家无人照顾，邻居会帮忙照看；甚至有陌生人进出，也会有居家的邻居密切关注，使得盗窃在里弄中很少发生，人们可以放心上班工作。在冬

左：上海传统里弄空间。

右：上海传统里弄中的"烟火气"。

日暖阳下，张家阿婆李家姆妈结伴在弄堂里一起"孵太阳""嘎讪胡"；夏日夜晚大家围坐一起"乘风凉""搓麻将""四国大战"，仿佛里弄的"沙龙"时光……对于那些上了年纪的老人、活动区域较小的家庭妇女和儿童来说，人情味浓厚的邻里社区提供的扶持慰藉，让他们倍感温暖，满足了居民对于所在社区的认同感、归属感和参与感等情感需要。

对于那些初来乍到、落脚里弄、开启城市生活的新市民而言，密集居住的石库门邻里社区生活便利、社交互动频繁、氛围亲切，不仅给异乡漂泊打拼的人带来安定和归属感，也为他们的学习与成长提供了宝贵的支持，使他们可以在近距离的互动中，在持续的密切接触中，不断试错修正，习得大城市的生存法则、社交礼仪和生活规矩，并收获健康的人际关系和社交，满足他们在陌生人社会中被看见、被认可、被尊重的需求，从而让里弄的居住环境从一个单纯睡觉休息的"窝"，蜕变成一个囊括各种生活场景和成长空间的"家园"。

2 再生建业里：公共性与生活功能

Regenerating Jianyeli: Publicity and Living Function

近年来，上海大规模的城市开发建设中，

大片大片的石库门里弄由于居住条件较差已经或者正在被拆除，

城市格局和风貌发生了根本改变。

越来越多的人认识到，

对于目前还保留着的石库门里弄应当尽可能地保护，

否则将失去城市的个性。

探索既有经济和理性、

又能延续城市文脉的石库门的保护和改造模式，

将成为今后上海城市规划建设中的一个重要课题。

——罗小未（主编），《上海新天地：旧区改造的建筑历史、人文历史与开发模式的研究》

再造里弄的公共性

重构里弄的生活功能

再造里弄的公共性

Reconstructing the Publicity of Lilong

上海里弄就像城市的书页，记录着上海城市住居环境的变迁和成长，反映了一个时代的生活方式、观念和审美，是海派文化的市井源点和集成之地，也是上海世俗风情、日常生活的在地呈现。随着时间的更迭，新天地、田子坊、思南公馆、建业里……这些里弄街区由日常居住幻化转变为城市新的文化地标，在迅捷变迁的城市肌理中不仅保留了城市的温度和记忆，也提供了一种新鲜的文化体验。正是在这种转变中，挖掘出里弄历史建筑向城市公共空间转型的多种可能。

随着石库门里弄街区的保护与再生，其独具特色的创新演绎让里弄不再是埋藏时间印记的文化标本，而是活在当下的文化地标。历史文化落入了可见可感、可居可游、可共情可代入的生活现场，人们得以在此亲身接触、体验和享受。这些身处城市中心的腹地，被营造成保留时代印记、具有共享属性的城市客厅，也充当了新生活、新文化聚集的容器。旧时石库门与当下的时尚生活相得益彰，既呈现了上海万花筒般的多彩底蕴，又兼容了这个时代崭新的休闲和社交模式，这是历史建筑在保护与再生的探索过程中所带给这座城市的长久价值。

建业里再生，首先是回归原生状态，剥离依附在里弄建筑上的冗杂和改建部

上：建业里独特的里弄内街广场
夜景——商业围合，景观塔树立，
宁静平和。

分，去除空间中的加载分割，恢复建业里原来的建筑风貌和空间结构。同时，依据当下的城市生活习惯，调整功能配置，重建新的社区生态体系，最终使其适应新的生活方式。如今的建业里"宁静、独特、魅力"，成为上海成片历史建筑保护利用的标杆性项目之一，集石库门文化体验、特色居住、精致餐饮、精品商业等多功能于一体，围绕衣、食、住、购、游，打造了一个关于里弄文化旅居体验的多元化、多层次的度假生态，一种多业态融合的跨界体验：个性多元的精品零售和特色餐饮，延续了建业里最初"外铺"的历史格局，完善了街区功能；原本的"内街"则作为酒店的中庭广场、大堂和图书馆，承载艺术展陈、阅读活动、文化沙龙等，功能复合联动，场景别出心裁，里弄市井气息的生活属性被拓展出更多的文化外延；半开放的酒店客房、花园和私密的酒店公寓，延续了"内里"以居住为主的核心功能，原先被"72 家房客"割据的空间回归原初的独门独院，不仅保留了老上海特色的入住体验，还大大提高了居住标准。"外铺内里"功能格局的完整保留呈现了历史建筑的延续性与传承感，为这座城市增加了许多温度和独特记忆。

广场·中心

"没有一个城市的规划能仅仅用二度空间（通过平面）来说明，因为只有在三度空间（通过立体）和四度空间（通过时间），它的功能关系和美的关系才能充分显示。"

——刘易斯·芒福德，《城市发展史：起源、演变和前景》

　　在建业里致密、扁平、均质的石库门肌理中有一片广场，它打破了街区棋盘式重复的单调性，成为建业里社区最大的开阔空间。作为建业里曾经独树一帜的"内街"，这里见证了整个社区的初生、演变和再生。如今质朴的内街广场，虽不比城市商业中心公共空间的宏伟规模，也缺乏纪念性和仪式感，却同样具有完整的围合形式。

　　建业里中弄自南而北由 7 幢联排里弄组成，初建成时靠南的三幢皆为上宅下铺形式，取消了南面的天井，加上第一、第二排是背靠背布置，因此第二、第三排之间形成了一个东西向狭长的开放空间。广场东西长约 50 米，东端宽约 12.65

上：从空中俯瞰里弄广场，在密集的红色屋顶排列中留下了开敞空间，像极了欧洲老城中的广场，空间疏朗。

米，西端宽约 18.75 米。第二、第三排建筑面向该露天空间，均开设了成排的店铺，其中单开间店铺 24 间，双开间店铺 4 间。店铺深入里弄内部，提供了整个地块的商业配套设施和生活服务。

内街广场的设计初衷是用于居民活动。而基于实用至上的集体性需求，建成后一个露天菜市场很快就在这块空地上自发产生，满满的箩筐推车呈放射状紧密排布，蔓延至周边的支弄小巷，熙熙攘攘的景象在这片相对安静的街区里显得格外热闹："凌晨三四点钟菜场进菜；四五点钟，清垃圾和招呼居民倒马桶的呼喊此起彼伏；五点钟，居民就陆续来买菜了。精明一点的拿个小凳子、砖头代替人在菜摊前占位，缩短买菜的时间，老实人就一个个摊位排队买菜……广场上还有流动小贩，他们挑着担子，一路叫卖白糖梅子、西山杨梅、糖炒栗子、赤豆粽子、糯白果、糖藕糖粥……有时候还有吹糖人、捏面人、拉洋片、卖蝈蝈蟋蟀的小商小贩，景象热闹非凡。"[20]

建业里的内街菜市场延续了传统庙会集市的热闹、鲜活和喜悦，编织出里弄纵横经纬中最丰富多彩的律动。从春秋到冬夏，从白天到夜晚，无论天晴或下雨，

左：各条巷弄都可通往广场。在
层层包围的红色中，广场成为空
间的中心。

右：从广场望出去，内街隔绝了
马路上的热闹，在夜晚显得分外
安静。

活色生香的市井烟火每天在这里循环上演。买家与卖家、街坊与邻里在这里邂逅、聚会、交谈、玩笑。擅于精打细算的居民在追求实惠的同时不忘讲究精致，对于他们来说"贴隔壁"的小菜场不仅是居家过日子不可或缺的，还为平凡的日子增添了一种生趣和仪式感。

　　作为建业里的主要特色社区中心，内街广场打破了里弄住宅区惯有的单一而沉闷的肌理和格局，聚合了更为丰富的商业、人流和活动。广场的空间留白使它适用于多种目的：它是临时的集市菜场，可以摆开许多摊位，与周边的固定商铺互为补充；它是居民自发聚集、社交娱乐休闲的开放空间之一，吸引人们来此；它是里弄进出交通要道的汇合之处，衔接起外出与归家两种不同的状态；它还是儿童的游戏场、学堂的操场、节日庆典大型集会的首选场地……对建业里而言，

中心广场上满载的市井烟火气和人情味，是其他环境难以给予的，并在一定程度上抵消了石库门住户居家生活中那种拥挤、压抑和乏味的氛围，促进了更多的交往和活动，乃至催生了归属感。

　　二十世纪九十年代初，建业里东弄经过整治，菜场被搬离，转而在一街之隔的岳阳大楼底楼新开了一处菜场[21]。如今，经过多年的保护与再生历程，原本的内街以城市客厅的方式回归，被赋予新的功能和形象。虽然内街广场的景观发生了一定变化，广场上的各种吆喝买卖和市井生活不复存在，但昔日露天小菜场"邻里交往、邂逅闲聊"的生活场景和情感记忆，被如今的建业里内街广场承接并升华，通过场景再造、灯光照明、家具小品和绿植景观等，结合一系列的沙龙、讲座和展览，使得内街广场与当下的城市生活建立起物理性的连接，住客与游客、消费者与行人过客都可以自由地穿梭、漫步，构建起社区新的磁极功能和容器功能。

　　开放式的露天茶座，每一围合都是一方小小天地，是朋友会面、闺蜜相约的社交空间，在这里人们是放松的、自如的、有归属感的；夜幕时分，霓虹闪耀的广场将灯火、音乐、美酒、美食结合，人们露天围坐、品鉴畅聊，洋溢着自由与

左上：建筑面向内街广场一侧的
立面图。

左下：建业里老照片中过街楼下
的水井与西瓜摊。

右：建业里内街广场从长边望去
自成一体的里弄中心。

快乐的氛围；社区还有定期或不定期举办的集市、讲座、展览、节日庆典等，提
供了一个人与人面对面互动交流和展示的舞台，为住客和游客带来喜悦。而社区
推出的艺术家驻点计划，把雕塑、装置等当代艺术作品摆放在里弄历史风貌的露
天现场，对观者而言，在亲切随和的现场邂逅艺术，不失为一种有意思的观看体验。

　　建业里保护与再生项目不仅是物理性的修复过程，也是生活状态的转换过程。
中心广场上没有了昔日的生活琐碎，却依然是聚合了许多人与活动的开放空间，
呈现久违的烟火气，回归生活的仪式感，还有现代人向往的疗愈心情的悠闲生活。
文化与艺术、历史与潮流、商业与社区，矛盾多元的气质共存共生，多元文化和
创新的生活方式也从老旧街区中萌生绽放，让这里的生活丰富、混融且充满活力。

景观塔·标志

　　自十九世纪三十年代建成之初起，位于内街广场的水塔一度是建业里的制高点，为绵密的石库门建筑群界定方位。它也是建业里的标志，在一片二三层建筑群中显得鹤立鸡群，人们能够在远近不同的位置看到它，如同中国乡村的村口大树，定义了领域的范围。景观塔下的广场空间，在密集的建筑群落中留下一片宽敞空地，各条弄堂纵横汇聚到此，也成为人流频繁交汇的地块中心。就像是重山密林中的一泓深潭，汇聚来自四面八方的细流，吸引各路生灵到此停留聚集。

　　水塔作为近现代城市提供的基础性生活设施之一，让自来水进入千家万户，成为文明新生活的必需品。建业里的给水形式古今合璧：东、中、西弄都挖有水井，居民可以免费取水；工业时代的水塔则伫立于中弄内街广场，干净的水以付费使用的形式流入各家各户。但是建业里能够提供的现代设施基础依然局促——自来水虽然接入各家各户，但只安在一楼厨房的水盆上，家庭厕所仍然依靠古老的木制马桶，热水要到老虎灶购买，洗澡需要到老虎灶后店的小澡堂……随着时

左：广场的设计强调了标识性，景观塔因为钢结构和网格图案而通透轻盈。

右：景观塔下的空间成为目光的焦点。

间的推移，建业里高耸的地标消失了。据建业里原居民回忆，水塔在"文化大革命"期间被拆除，同一位置建造了水泵房和厕所。

今天，建业里再生不仅重构了沿街商铺和内街广场空间，也重建了景观塔，重塑了社区标志。一座八层楼高的景观塔伫立在水塔原址，高耸的金属框架和外挂营造出工业感十足的场景，与扁平简洁、连绵一片的石库门群落形成强烈反差。开发者根据历史图纸确认了水塔的原始位置，又根据老照片的光影角度推断出水塔高度，重新设计建造了景观塔地标。新塔已不再做泵水之用，而是成为地下疏散通道的出入口，上层则用于放置机电设备，此外形式上也做了调整，景观塔采

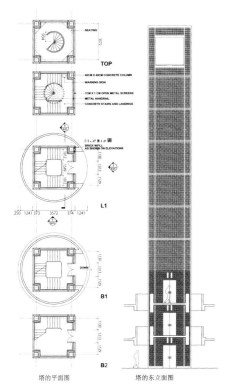

塔的平面图　　　　塔的东立面图

左：景观塔作为标志物保留了原
有水塔的高度和体量。

上：景观塔的各层平面与立面图，
以及建成后的实景效果。

用以铜制栅格包覆的镂空形式，现代化的金属质感与周边红砖形成了一种有趣的反差，但外挂装饰板又借鉴了清水红砖的砌筑图案，在演替的同时，保持了尺度上的连续性。夜幕降临，LED 照明亮起，将"水塔"变成了一座在夜空中熠熠生辉的"景观塔"，显现出二十一世纪特有的斑斓色彩。广场的夜晚由此变得魔幻而富于戏剧性，成为建业里出镜率最高的标志性景观。

就这样，这座衍生于里弄原生状态的、辨识度很高的再生景观塔，以一种轻松活泼的姿态，致敬建业里的历史，并为广场注入新的灵魂。它不仅重塑了建业里历史文化和集体记忆的"地标"，而且昭示了一个全新的、开放的城市公共空间，一种充满活力的 24 小时生活场景。在建业里，里弄建筑的空间、尺度特征得以保留与更新，巷弄空间的丰富格局和景观特征得以延续，如同这座景观塔，被赋予新的意义，注入了新的能量与传播价值。

外铺·商业

在衡山路—复兴路历史文化风貌区内，街道与组成它的建筑界面共同发挥作用，围合出富有活力的公共空间。行走于衡复街区，不宽且幽静的道路两侧，丰茂的法式梧桐行道树，零零散散的店铺，还有树丛或院墙掩映下的花园洋房和石库门里弄，无不透露出"老上海"亦中亦西、兼具市井的独特风韵。

坐落于其中的建业里，街廓形态在二十世纪三十年代就已经基本定格。最初规划设计的外围店铺集中于东中弄建国西路沿街，后来顺应商业利益的需求，西弄和东弄岳阳路沿街也破墙开店，自发生长出临街商铺……除了常规的临街外围店铺，建业里更是别出心裁地引入了内街概念，中弄的第二、第三排建筑面向内街也开设了店铺。店铺深入到里弄内部，为整个地块提供商业配套设施和生活服务，这在当时的上海里弄中比较少见，体现了规划的巧思。

除了少数双开间，建业里的商业店铺大多为单开间。因本身就是从居住空间演变而来，开间大小与里弄内的住宅单元相当，宽约 3.5 米，进深约为 5.3 米，

左：建业里沿建国西路岳阳路街
道转角处的商业。

右：建业里总弄入口，深邃的幽
暗中可见内街拱门的亮光。

开间窄而进深大。单元面积在 110 平方米左右，各单元之间以 12 厘米厚次墙分隔，每 3 个开间有一道 24 厘米厚承重墙，将其两端的木结构楼板和木屋架全然隔开。从平面布置来看，一层朝南为客堂，客堂即为营业空间。入口形式有两种，靠近主弄口的两开间为排门板，其余皆为一窗带一门（凹入），有两级踏步通向室内，北面灶间和楼上作为居住空间。"一家一铺""下铺上居"的格局和江浙一带传统市镇的商业模式如出一辙，店主同样也是手中有一定资金和手艺的商人、小业主、知识分子或手工业者。

小菜场、老虎灶、烟纸店是老上海街区商业的典型符号。和今天标准化的社区超市、便利商店相比，里弄小店略显昏暗陈旧，提供的多是与柴米油盐酱醋茶相关的基础性商品和服务，功能较为简单原始。店铺外观也不起眼，谈不上品质，但是下铺上居、商住合一的结构使其可以长时间营业，提供近在身边的便利服务，满足居民即时、多元、碎片化的消费和社交需求，成为里弄生活密不可分的场景。

在时间的更迭中，这些临街建筑界面也经历了无数次的改变和转型，以适应生活社区不断发展的真实需求。立面由大至小、由少到多被不断细分，完全被各

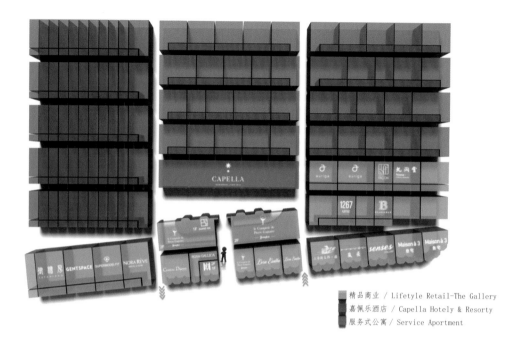

精品商业 / Lifetyle Retail-The Gallery
嘉佩乐酒店 / Capella Hotely & Resorty
服务式公寓 / Service Aportment

式店招、门面装潢所覆盖，多次改建、修补和失当的使用也破坏了建筑最初的整体美感。好在构成其空间结构的主要墙体和屋架并未发生大的变化，为后来重新整合空间资源、恢复建筑功能与其外观形式之间的对应关系，提供了实质性的基础与依据。

作为建业里整体格局复苏的催化剂，建业里的商业再造以历史建筑独具的特色为切入口，承袭了老建业里的原始风貌与布局，沿袭了原有以居住为主，商铺为辅的街区功能，恢复了最初"外铺内里"的历史格局。建业里沿街商业相关的场景营造，凸显了原有石库门空间中绵延的历史纵深和浓浓的人情味。同时，通过引入新的商业业态，打造出了石库门与欧式风情、精品店铺的奇妙相遇。

创新的适应性再利用是建业里改造项目的难点之一。毕竟老房子的修复除了技术、物理上的修复，更难的恰是解决可持续的活化再利用问题，并将其顺接延续至我们今天的生活。过于强调年代和文化价值，"标本"式的保存或保护，可能掩盖它作为生活空间的本色。在充分保护历史建筑和环境景观的基础上，需要根据新的业态配置，在旧有结构体系中置入新的功能，而新的设计需要在单元模

左：现今建业里总平面，延续了
过去外铺内里的商业布局。

右：上海市行号路图录中建业里
外铺内里的商业格局。

数、错层式空间布局和立面关系上都保持契合。依循历史脉络，那些因历次改造
而面目全非的风貌与细节也被逐一恢复原状：临街的石库门院墙、浅浅的天井庭
院、屋面上的晒台……承重墙依然高出屋面约 70 厘米，由中央向两侧叠落，马
头墙上覆盖筒瓦，两头略略起翘形成优美造型。原本小而密且杂的商业空间也得
到了疏解和释放，围绕市井生活、难登大雅之堂的街区商业和路边小店转而升级，
面向新生代消费群。

　　鲍德里亚在《消费社会》中断言："作为彰显自我身份的主要社会行为，消
费最有趣的一点，就是常常让行将过时的东西有了永恒价值，从而发起一轮轮文
化再循环运动。"再生而来的建业里，在全新的商业规划下，把石库门里弄传统
生活的独特烙印和当代时尚生活有机嫁接，生长出一种新的商业生态社群。

　　入驻的每一家店铺都有着各自的独特背景，好似一扇扇推开即可触碰不同世
界的任意门。同时，强烈的国际化属性背后，亦都包含着对于建业里自身历史建
筑空间的尊重与喜爱，以及对于在地性的理解与融合。每家店铺与建业里"相
遇"的故事看似不尽相同，却又殊途同归：SuperModelFit 的创始人从小长在上海

石库门，在国外生活与工作多年后决定回国创业，并在第一次看到建业里的空间后"被深深迷住"；叁宅的合股人之一老查自小生活在衡复一带的花园里弄中，对于建业里更是有着抹不去的儿时记忆；NORA RÊVE 的董事长每天上班会开车途经建业里，看着它一点点修复完工，便在为新项目找场地时"先下手为强"；GENTSPACE 处于品牌初创时期，希望通过一处具有文化底蕴的街边洋房作为自己品牌的旗舰店；Pierre Gagnaire 则是看重这里独有的历史氛围和中法合作的象征意义……

对建业里空间、历史以及文化的认同带来了协同的合作氛围。作为历史保护建筑，建业里对于建筑外立面和整体风貌的维护有着近乎苛刻的要求，因此对入驻的商家在空间利用上会有一定的约束与限制。但是发自内心的欣赏促成了大家的全力配合，相关设计师也在有限的空间内发挥出了最佳创意，将挑战转化为机遇。如今步入建业里，会发现大部分店铺都将原有的屋架结构予以保留，因为"这是房子最大的特色"。

当然，尊重历史并不意味着因循守旧，事实上很多设计师都配合店铺自身调

左：傍晚时分，华灯初上的建业
里外铺与路口景象。

右：三角屋架形式的传承。

性对空间进行了针对性的设计。以位于街角的叁宅（Maison à 3）为例，虽然是夜晚才开门营业的酒吧，但在店主的授意下并没有设计得过于张扬，"我们希望维持它的建筑风貌，对比外面的街道和环境也不要显得太突兀"。设计师提取了二十世纪二三十年代美国、英国和法国的特定文化元素，并将几种元素巧妙地混搭运用在整体的室内设计之中。一楼的墙面大胆运用了绿色带釉瓷砖，致敬早期纽约地铁站的墙面设计，卡座四周的金属栏杆则借鉴了美国"禁酒令"时期的意向；二楼高敞的斜顶并没有填平，而是顺势做了包覆；另外，"叁宅"的名字由来——店内的三间亭子间被改造成了各具风格的包房，"原来的建业里是没有卫生设施的，有的商户将亭子间改建成洗手间，我们当时也考虑了很久，但我自己对这个空间很熟悉，而且这三间亭子间的开窗正对着后弄堂的风景，所以洗手间最后还是另辟在了别处，没有去影响整体的格局"。

得益于完好保留下来的整体风貌，石库门特有的邻里氛围在这一特定的建筑空间里得以延续。"开在写字楼和商圈的店家，彼此串门的情况其实很少。但是在建业里却异常地活跃，没多久各个店家就都认识了。隔壁人家今天来借个碗，

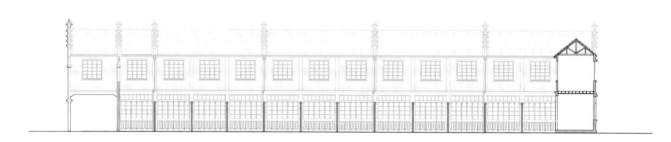

明天借包盐呀的情况时有发生。"而且精心筛选的入驻商家在经营业态和理念上多有契合与互补，使得彼此之间形成了引流和互动（例如SUPERMODELFIT、NORA RÊVE的女性化空间与GENTSPACE的男性化空间的对应，以及生活方式类店铺与餐馆等其他业态之间的对应），对于历史与文化的重视亦成为了很多店铺的共通话题。可以说，相比起旧时里弄完全自然生长的状态，现在的建业里以一种主动的姿态叠合出了一种全新的运营理念。优秀的店铺与建业里的空间相互成就，形成了正向循环。这里的商业既是石库门生活空间延展的据点，又继承了内生于这座城市肌体的包容、洋派、注重品质、力争上游的文化基因。

这些店铺虽是新开，却似自然陈放的老白茶，褪去了新茶的张扬之气。良好的街道尺度和街廊形态保持了雅致宜人的空间关系，精心保留或恢复的历史风貌对于街道场景整体的丰富度与和谐度多有助益，为拓展该地区行人友好的步行系统提供了条件。里弄临街商业的升级改造不仅连接了过去和现在，还贴合了新生代客群对高品质物质消费、异文化体验、精神愉悦的全方位需求。

相比新天地、田子坊的人头攒动，这里显得更为雅静，商业气息也更淡薄一

左：建业里沿街石库门建筑面向
公共街道一侧与面向内里一侧的
不同立面。

右：建国西路上，梧桐树掩映下
的建业里商铺。

此。这里风情洋溢又静谧怡然，不仅适合拍照打卡留念，访者也可以找个咖啡馆餐厅，坐在室外或阳台，沐浴着阳光优哉游哉，为深入的文化体验增添了人情味，完整了里弄生活感的回归。在这个一再变化的城市里，石库门承载的传统需要破壁，制造与大众更多的触点。由里弄商铺改建而来的精品商铺创造了一个个场所，人们可以走进来追溯和探索历史的空间。漫步在画廊般的空间里，将体验到惊喜，充满时光痕迹的空间、元素与颇具创意和国际性的设计表达之间碰撞出火花，既蕴含着岁月沉淀的饱满度，又呈现丰富与和谐的包容性。

重构里弄的生活功能
Reconstructing the Living Function of Lilong

建业里的新生线索

  2010 年上海主办世博会，在城市转型发展的大背景下，在新一轮城市建设中，历史文化风貌区和优秀历史建筑的保护被提到了与新建城市基础设施同等重要的位置。上海渴望借助国际视野寻求发展新动力，而那些被边缘化的老宅旧里、穿越时光的隧道进而展露的海派历史文化，成为这座大都会联结过去和现在的窗口。"上海思南路、外滩源、建业里、巨鹿路、多伦路、青浦南门老街、南京东路 179 号地块等各具风韵的历史文化风貌街区内，精心的保护修缮行为已经启动。保持建筑文化的'原汁原味'，成为此项行动'关键词'……彰显出上海继承发展历史文脉、提升城市文化品位的决心。"[22]

  若以专业标准来看，保护历史建筑尽可能不受改动，同时不惜代价加以修复是更为保守谨慎的选择，但这也意味着将建筑遗产"作为文物处理"，鲜少关心其置于当代生活语境中的功能与市场。至于石库门的改造，客观地说，将建业里划分为酒店、公寓、商业三大区域，在兼顾公众参与性的同时发掘经济价值方面

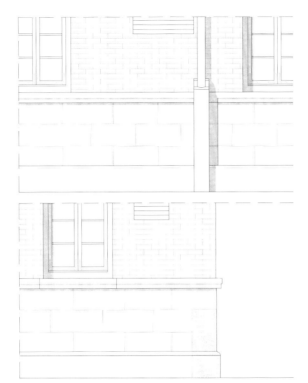

上：建业里墙体混凝土与石材修复前后的对比以及测绘图纸。

具有一定的合理性，这也是最初专家评审委员会认可改造方案的原因。一方面，市场化运作终究无法逾越资本的局限，尤其是建业里如此大的体量，如果没有社会资金和商业合作，政府单方面的投入必然难以持续。"现实情况是……保护的要求最终一定是一种合理的经济和商业目标的延伸。"[23]

毕竟，建筑身上所包含的价值是多元的，年代和物理空间只是其中的一部分，除此之外还有审美价值、情感价值、文化价值等，分属不同的层次和属性。对于建业里，我们是否应该向前看，正视其作为石库门保护实践方面起步较早的先行者，为后来者提供了值得借鉴的经验和教训。

今天，建业里的故事仍在继续，重新进入公众视野的建业里石库门街区发生了层级性的跃升。首先，它并非"大门紧闭、旁人莫入"的私家领域，其沿街商业和内街广场是向公众开放的城市公共空间，游客、过客、看客可以在此自由穿越、漫步、购物、观景、休闲、娱乐；其次，它依然以居住为核心，西弄作为精品酒店对外开放，东中弄作为长租公寓相对私密，生活标准却比"72家房客"时代有了极大提高。如今的建业里，既是城市中的度假胜地，也是历史文化风貌区内一处开放的文化社区。

"保护需要投入大量的经济和社会成本，牵扯到所有的利益攸关方，不仅仅是坚持保护原则和价值观就可以实现的。因而价值判定后对保护操作的落实，就不应仅仅限于专家领域和专业范围。而是需要使用者、投资者、管理者、专家学者和公众的多方参与，取得保护前提下的社会共识和利益平衡。这是推进建筑遗产保护事业的大方向。"[24]

如果把建业里保护与再生的过程比作一棵大树，那么保护与再生的大方向就是"干"，而大量的适应性利用和各种事件就是"枝"，"枝"和"干"的方向并不完全一致，也并非每一个当下的选择都经得起推敲。但对于成片历史建筑的保护，首要原则是使用，不能让历史建筑成为博物馆。既然政府不能长期托底，那么就必然要引入市场机制，加以法规引导。既要保护建筑历史遗产的质量，也要让适应性利用体现经济上的实效性。面对这样一个无比复杂的系统性工程，需要一场煞费周章的重构再造，在摸着石头过河过程中要不断将那些过于理想化的抽象概念予以落实。曾参与过新天地、田子坊、思南公馆等项目的张载养，在谈起老城区保护与改造时曾表示道，要"该保留的保留，该扬弃的扬弃，同时赋予一些新的功能，而非完全照搬过去，兼具历史保护与功能提升，恰恰是它存在的价值"。

城市核心区域历史建筑的改造对开发商和建筑师有着非常多的限制与要求，

对砖墙面原始涂层的损坏
在实地我们勘测到粗略的油漆替代了本来优质的油和高岭粉涂层。

墙体表面——粉状沉淀物
在实地我们观察到由于脏物的沉淀而造成的表面起泡。

墙体表面——黑皮的损坏
在实地，我们发现脏粉沉积物形成的黑皮硬层。
这种由时间而形成的损伤会对砖面形成严重损坏。

墙体表面——水损坏

在实地我们发现由于雨水的作用而在砖墙表面出现的苔藓。

墙体表面——水损坏

在实地我们发现由破损的落水管所导致在原来砖墙表面出现的苔藓。

墙体表面——维护缺失所导致的损坏

在实地我们发现由于维护的缺失而造成攀墙植物对墙体表面的损坏。

墙体表面——维护缺失所导致的损坏

在实地我们发现由于维护的缺失而造成树木无限制的生长对墙体表面造成的损坏。

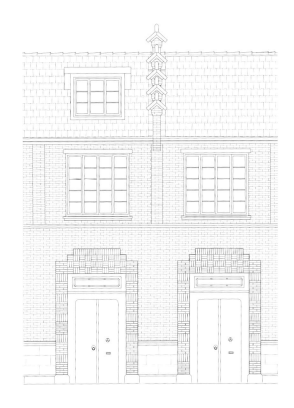

左：建业里红砖墙体修复前后的对比。

上：建业里红砖墙体修复前的状况以及测绘图纸。

"保护与开发，风貌与功能，达到平衡并不容易。建业里探索了一条成片历史保护建筑的可持续发展之路，既保留了城市肌理，又赋予了现代功能。"[34] 它的改造和建成，保护利用的得失利弊、分歧争论，成为一面镜子，让设计师有很好的学习机会，为管理者带来新的思路和启发，为今后类似项目提供参考，为城市更新项目带来更大的设计宽容度，为上海更多成片优秀历史建筑的保护映照出更加明朗的图景。

这是一场久久为功的重构，建业里转身告别曾经的自己，从一个比较封闭和局促的环境，来到一个更为开放和多元的现场。它以怀旧的方式重拾集体记忆，以新的体验架构起石库门与大众之间的桥梁，平凡里弄"破茧成蝶"，绽放出从未有过的精彩。

流动性与大众旅行

近代以前，大部分中国人与世界上其他国家的人一样，祖祖辈辈生活在同一个地方，长途旅行只能借助原始简陋的交通工具，出趟远门极为耗时。旅途中的跋山涉水、风餐露宿不止艰辛，还面临诸多未知的危险。彼时前往远方的，多以信仰虔诚的僧人、异地为官的公人或是谋取厚利的商人为主，旅途中居停的驿站也多为小客栈，仅能提供歇脚裹腹、一张床一顿饭的基础服务，难言舒适。

十九世纪起，交通工具的变革缩短了人与人之间的距离，为旅行者带来速度与便利：帆船于 1830 年开始服务大众，1848 年铁路问世，1886 年三轮汽车被发明，1918 年商用运输飞机出现……这些基础设施为空前规模的流动性提供支撑，旅行、移民、远征、远途贸易，乃至资本的流动，以及宗教、思想、语言和艺术风格的传播，改变了整个世界的出行习惯和生活体验。

在此背景之下，随着中外移民大量涌入，晚清民国上海的近现代旅馆业也进入了一个前所未有的发展黄金时期。当时的旅店，除了延续中国传统住店习惯的

上：建业里转变为旅居功能后的内街广场闹中取静，低矮的建筑空间，植物绿化配置，亲切自然生动。

客栈以外，还出现了两种新的类型，一种是由外国资本打造的西式酒店，另一种是在西式酒店带动下由民族资本建造的中西式旅馆。

上海旅馆业的蓬勃发展，和其作为港口城市的繁荣经济、人和物的高度流动性密切相关。与此同时，上海本地人亦喜欢"孵"旅馆，尤其喜欢住称为"大饭店"的旅馆。对于上海的普通民众来说，因为里弄住宅空间局促，酒店成为亲朋好友来访时的落脚点，也是大家聚餐的好去处。上海老牌西餐厅天鹅中阁的经理张祖福回忆道，二十世纪三四十年代，吃西餐是一件很隆重的事，多是时髦人士常去之处，他自己去吃西餐是五六十年代的事情了，而其中最喜欢的是国际饭店 14 楼的摩天厅。八十年代，酒店餐厅里满满一桌高级菜肴，大约需要 23 块钱，差不多是普通工人一个月的工资，所以去这里消费是一件奢侈又时髦的事情。

这些"大饭店"通常在建筑设计上也独树一帜，许多成为了上海大都会的地标。例如，1929 年建成的沙逊大厦（今和平饭店），总高 77 米，是外滩最高的建筑物；1934 年开业的国际饭店，建成时高 83.8 米，既是上海第一高楼，更是当时整个东亚最高的建筑。

　　而在这些高楼大厦高档饭店背后，约有一半以上的中小旅馆、旅社开设在大片里弄中。上海的里弄旅馆多集中在福州路中段，一般处于街区里弄中心，被商号层层包围，罕有沿马路而设的。"这些旅馆规模不等，以中小型为主，两开间与三开间门面较为常见，少数旅馆占地近 20 个单元间石库门。其地段优势在于临近闹市，地处里弄深处……这种格局既便于旅客就近游览，又能避开喧嚣，闹中取静。" [6]

　　进入二十一世纪，中国人的生活方式与生活节奏都在迅速发生变化。人们渴望通过多样的休闲娱乐方式，跳脱繁忙的工作与千篇一律的日常，通过新的体验遇见另一种文化，从而重新认识、认同自我。伴随着全面消费升级的趋势，度假旅游已然是生活常态。各项旅游资源和设施的开放与开发，使得人们不再满足于"走马观花"式的观光，家庭式的旅居体验成为更多人的首选。在消费者更高的要求下，酒店行业竞争愈演愈烈，供给过剩现象日渐凸显，差异化体验与精细化定位成为酒店必然考虑的着眼点之一。"除硬件设施外，人们越来越多地关注到旅居空间的主题、定位和文化。因此，独具特色的旅居空间更受大众欢迎，更有竞争力。"比起传统标准化酒店服务的千篇一律，精品酒店对于地方性文化的融入、对于体验型价值的挖掘、对于生活品质的讲究、对于建筑空间设计感的重视，使其藉由独特美学和文化特质脱颖而出，愈发受到人们的青睐。

西班牙塞维利亚的犹太人之家（Hotel Las Casas de la Judería）就是一处由 27 栋传统民居改建而成的特色精品酒店。该酒店受到建筑群参差多态的原始肌理制约，不同房子有不同的颜色与形态、不同的结构和特点，有的卫生间超大，有的外挂大露台，有的独享天井小院，有的回廊四合共享一座方庭。然而在嵌入现代服务功能、重新构筑室内空间时，建筑群的空间特色——木质地板、古董家具、传统窗扇……都被悉数保留。这里没有均质化的客房布置，每一间都不尽相同，每个院落也都各有主题、大小不一。而抵达每一套客房，都需要沿着社区内原有的蜿蜒小径一路寻去，住客宛若化作本地常住居民，又仿若置身于一处异域迷宫，安达卢西亚的传统风情流淌在水光花影绿植的组合中，将身临其境的本地文化体验感呈现得淋漓尽致。

左：深入建业里嘉佩乐酒店，巷弄空间中的花园水池独具风味。

右：上海里弄空间与西班牙塞维利亚犹太人之家酒店的内庭空间比较，传统生活的亲切自然可见一斑。

左：建业里融入了周围的街道和城市空间。相似，犹太人之家酒店延展的空间形式如同自然生长，建筑院落镶嵌在塞维利亚老城的建筑肌理中。

右上：犹太人之家酒店客房室内。

右下：建业里嘉佩乐酒店客房室内。

　　今天，传统生活在时间轴上已被推得很远，但那些留下来的房子，给了我们一个"重返"现场的入口，去思考如何从旧时代的标准建造出发，化解固有历史条件和现代生活需求之间的矛盾，而不是仅仅停留在那个还原的状态，与当下的现实生活隔绝。逃脱出藩篱束缚的特色酒店不失为一种与历史建筑共生的状态，老房子能够与时俱进、提升生活品质，而独具特色的酒店空间不仅仅是下榻住宿之所，还能为旅途增添亮点，成为深度体验当地特色、感受文化魅力的绝佳窗口。

从住居到旅居

2017 年，在上海衡复投资发展有限公司与新加坡嘉佩乐酒店集团的共同合作下，上海第一家石库门酒店"建业里嘉佩乐酒店"正式开门迎客。建业里原先"居住 + 商业"的功能布局被保留并加以转化，衍生出"旅居"的新业态。

重构后的建业里由 55 幢石库门酒店套房、40 套酒店式公寓，以及约 4 000 平方米的沿街商业三部分组成。作为沪上首家真正意义上的石库门主题酒店——集石库门文化体验、特色居住、精致餐饮、精品商业、艺术文化等多功能于一体，酒店秉持"在使用中保护、在保护中传承"的理念，在老房新编中展示着上海西区生活的别样情调。

单纯从建筑的角度出发，石库门是特定历史时期的产物，其结构并不适应现代人的居住观念和要求。2003 年，缺乏系统维护、超期服役 70 年的建业里，终于迎来了保护与再生的契机，在城市功能和空间结构、物业价值、民生和综合品质方面开启全方位的有机更新。各种现代化基础设施嵌入到位，"标准比以前 '72

左：建业里嘉佩乐酒店开放式的
大堂。

上：建业里嘉佩乐酒店一层的图
书馆，空间紧凑而温馨。

右：建业里嘉佩乐酒店一层的图
书馆，顺应屋顶高度变化，形成
了尺度亲切的休憩空间。

上：建业里嘉佩乐酒店带过街楼
的客房二层。

右：建业里嘉佩乐酒店客房中的
休息室及楼梯间。

家房客'的原状有极大提高"，以贴合当代人的生活状态：暖通空调、电气、给排水、消防以及保安系统设施覆盖每一栋石库门，设置卫生间，配备先进的盥洗卫浴设备，西区酒店安装了中央空调、热水系统、卫星电视等，东区公寓安装了电梯、地暖系统……为尽量保存原始建筑风貌的完整性，所有设备的安装位置都精心挑选、隐而不露，所有室内外空间的冷暖系统、电线和消防设施都是暗布的，公共管网也都是埋地的，表面上看不到一根电线杆……最后的成品就是可供使用而非仅供参观的历史街区环境。二十一世纪的宜居体系兼顾含蓄完善的保护手法，"拯救了即将消失的、建筑和装饰艺术不可取代的模板"，使建业里成为了舒适而又有时光味道的居住和商业空间。

与此同时，为了适应现代化旅居的高要求，建业里在整体的功能设施上进行了全面的升级。西弄的二到五排作为酒店的客房，遵循"保护为主、修旧如故"的原则完整保留、修复，并添加了地暖、空调等在内的现代化居住设施。酒店拥有四种房型：每一排东端的两个单元合并为带厢房的双开间套房，拥有三间卧室；西端的单元因带有过街楼，为拥有两间卧室的套间；中间的9个单开间格局相同，

但又细分为标准大床间和标准双床间。室内部分致敬石库门简约有序的中式空间构成逻辑，形成了一层天井—厅堂—附房，二层卧房—箱子间—错层亭子间的空间序列，功能上的调整与置换则包括在一层和三层的附楼植入卫生间。总体来说，兼顾了安全性加固和功能提升，最大限度保留下了石库门里弄的空间特质和富有人情味的家宅感觉，为当下的使用者带来独特的场所体验。

酒店设计不仅对居住环境作出了物理性的改善，也实现了艺术性和审美性的提升。酒店装修的概念设计由著名室内设计师 Jaya Ibrahim 操刀，将二十世纪二三十年代的中式元素与法式风情完美糅合。从建筑到器物，从软装到艺术品的种种元素聚合在一起，简洁优雅的格调贯穿始终，描绘出了属于建业里的怀旧色彩。

比如，西弄酒店客房的背景墙采用经典的法式花线木饰面，以低饱和度的灰为主色系，素雅纯净的色调和简单明朗的线条铺陈，传递出一种温和明净的生活态度。它看上去不那么时髦，不是簇新、跳跃的形式，反而有些老派，有些历史感，

这种气质让房间有了统一的调性；民国式样的小格子窗也不是那种无遮无拦的通明，纱窗帘如和纸，朦胧了窗外的光，窗上婆娑光影"自说自画"，借此光影似乎便可越过半个多世纪，接上那根历史的断线；墙上的花鸟挂画虽是传统主题，但花枝上含苞待放的花蕾有凹凸的立体感，呈现油画的笔触和层次，跃然其上的雀鸟带活了整个空间的气氛，加上一抹灰绿背景，让内向型的居室也有春天的气息……房间中的色调层次、光线的明暗控制、灯光的冷暖照度，甚至香氛的香型气味等，这些微妙差异的处理共同营造了房间的氛围。整个房间虽说都是现代设计，但却带有历史的影子，用色彩、符号、声音、气味、触摸和味道凸显多重表达与联想。正是这些家具、场景、光影的怀旧范儿，营造出一个古今融合的美学范式和审美情境。

石库门酒店的中式元素、法式优雅并非照搬复制，而是在表现形式上融入新的趣味：里弄的空间关系确定了属性和原则，酒店装饰游离于法式装饰艺术的奢

右豪华贵之外，转而追求简约、品味和质感，注重亲近人身体的尺度，以亲和的姿态对历史元素进行转译，让原型的平移获得与场所意境、与今天生活审美取向的高度契合，并营造家的感觉。

　　由此，整个建业里被从平凡生活中剥离出来，以一种日常又非日常的"旅居"状态重回公众生活。在这里，街道的尺度与建筑空间的质感与以前并无太大区别，但"街道—主弄—广场—支弄—石库门—天井"的游走序列，在被保留的同时又被重新诠释，市井的喧闹退隐，塑造出"大隐隐于市"的宜居净地。

　　从专业角度来说，酒店以法式优雅为母题，在功能以及用户体验方面做得很好，而且采用统一的设计语言，增强产品辨识度。但从大众角度来说，住居单元中清晰可见的同一性，就像一组"极简音乐"，不变的节奏，简单的和弦，让旋律被限制在几个音阶里推进。同质的空间承受里弄建筑风格和房间布局强加的限制，无限复制延续的产品样式，多少会令人"视觉疲劳"，无法满足精神层次多元化的个性诉求。以建业里在石库门群落中较大的体量（55+40 单元），以及漫

左：建业里嘉佩乐酒店客房的休息室。

右：建业里嘉佩乐酒店客房的卧室与起居室。

长的时间跨度（70 多年），或许可以更为自由多元，为入住建业里的新世代住客旅居创造更多的选择与惊喜，令其能体验历史纵深。世事不尽完美，这探索中遗留的一丝缺憾给历史建筑活化利用留下了更多的可能性。

3　修复建业里：建筑元素与细节还原

Restoring Jianyeli: Reviving the Architectural Elements and Details

城市就像一块海绵，吸汲着不断涌流的记忆的潮水，并且随之膨胀着。

城市不会泄露自己的过去，只会把它像手纹一样藏起来。

它被写在街巷的角落、窗格的护栏、楼梯的扶手、避雷的天线和旗杆上，

每一道印记都是抓挠、锯锉、刻凿、猛击留下的痕迹。

——伊塔洛·卡尔维诺《看不见的城市》

里弄的建筑元素：石库门·马头墙·过街楼·拱券门洞

The Architectural Elements: Shikumen·Ma Tau Wall·Arcade·Arch Door

"只有将建筑元素放到显微镜下观察，我们才能够辨析文化的偏好、被遗忘的象征主义、技术的进步、与日俱增的全球贸易所引发的突变、气候适应、政治策略、监管条例、新的数字政体，以及作为某种混合体的、构成当下建筑实践的建筑理念。"

——雷姆·库哈斯

右：建业里夜景。

当代建筑大师雷姆·库哈斯曾在 2014 年威尼斯双年展上提出，设计应聚焦细部和局部尺度的建筑元素，尤其是那些随时随地可见的元素，如楼板、墙、天花、屋顶、门窗、立面、阳台、廊道、壁炉、台阶……将该方法论平移到石库门里弄，可以看到建业里的特征要素所显示的吸引力，它与城市过往的一段时光连在一起，是一份共同回忆的遗产，也是一座可供分享的、具有象征意义的形象宝库。从建业里由城市公共空间向私人空间的层层过渡：街面—总弄—支弄—石库门；到各种细部和局部尺度的建筑元素及传统工艺特征：马头墙、石库门、拱门洞、过街楼、清水红砖、屋面红瓦、木门窗、装饰图案，甚至护角石、混凝土过梁、落水管及护套等，这些复杂的建筑元素，提供了一套躁动的、非线性的知识库，彰显了深层次的工艺观念及空间暗示。

近代里弄本身就是接纳"他者"的所在，包孕与"他者"之间复杂开放的关联。它从截然不同的文化土壤中汲取营养，一方面对于乡土中国的文化遗产频繁地顾盼和循规，重视蕴含了手工元素的传统材料和经典符号；另一方面借鉴西方的流行文化和潮流，敏锐地捕捉新鲜元素与信息，认同新材料、新工艺之时代价

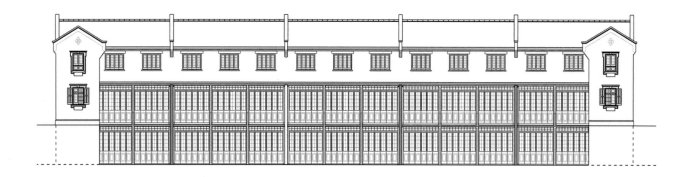

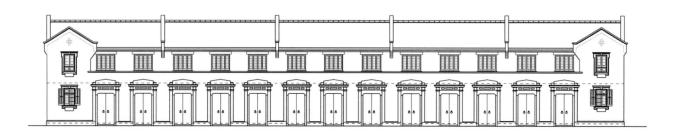

值，青睐充满异域情调和工业机器感的建筑元素与装饰表达。它在历史与现代、东方与西方的缝隙中自在游走、巧妙吸纳，在空间、结构、材料乃至视觉的审美趣味上形成多层次的综合。它并非整体复制某种风格，而是将"风格"视为"元素"加以重组，形成一种风格杂糅的非典型化风格。在不胜枚举的"中西合璧"的元素组合中，既可见连绵不绝且无所不在的传统，根植于人们的日常生活中，又能看到一种生机勃勃、海纳包容的城市文化，西方的创造被移植、吸纳和改造，中西古今折衷地、杂糅地，甚至是偶然地并置拼贴，既迎合了商业资本的需要，也为传统家居生活图景注入多样化的活力。

当然，里弄建筑对于西方异质元素的吸纳有主动拥抱的一面，也有被动适应的一面。"上海法租界当局曾经在1900年、1914年和1921年三次发布建筑规定，限制中式房屋的建造。早期规定是建筑必须以欧洲习惯使用的砖石为建筑材料，房屋设计图需要经工程师的批准；到1921年规定，主要道路如要申请建造中式房屋，其外立面必须是西式的，才能发给营造许可证。这些规定，对石库门住宅最终走向中西合璧产生了重大影响。"[25] 于是，清水红砖取代粉墙黛瓦，石库门

左：建业里长租公寓的建筑立面图。

下：建业里红砖红瓦在鸟瞰和走近时的对应效果。

两边竖立欧式立柱，八字门头上方出现西洋雕花图案装饰；北美红松、欧洲玻璃、钢筋混凝土等材料也大量进入石库门建造中。

修复与还原的不仅是建业里标志性的马头墙、石库门、拱门洞、过街楼，还包括红砖墙、红屋瓦、木门窗、装饰图案，乃至护角石、混凝土过梁、落水管及护套等。在工程中对原有材料、工艺、技术、施工方式的追溯、学习、尝试，都是试图去还原建筑当初建成的状态，某种程度上是为了唤醒建业里这组建筑过去的记忆，希望建筑的生命连同材料、工艺、匠心能够延续。

石库门：重新定义的门面

石库门，最早称"石箍门"，即石条围束的大门，后讹作"石库门"。它以石条作门框，上压石过梁和石雀替，对开双门，门扇采用 5~8 厘米厚的乌漆实木制作，门宽 1.4 米左右，门高 2.8 米左右，以木轴开转，门上有一对铁环或铜环。

这类门在江南民居中十分常见。携带着乡土中国基因的联排石库门大门，是里弄中非常醒目的符号，不仅构成了公共空间和私人空间的区隔，更是一种表征性空间的导引，充满了象征性的符码和意义形态，是记忆的附着之处，构建起具有情感深度的家居空间的门户。它又是上海人所开拓的一种有别于传统方式的新生活的标志，是中西合璧建筑文化的集中反映。里弄住宅的西化就是从外立面的"石库门"开始的，它的迭代更新，成为时代风尚变迁的一个生动注脚。

在装饰风格上，早期联排的石库门大门延续了江南民宅的门罩装饰，"带有一些深宅大院的遗传，有一副官邸的脸面，将森严壁垒全做在一扇门和一堵墙上"[10]，八字门上方明清风格精细雕琢的青砖和题字匾额，撑起了乡土中国大家

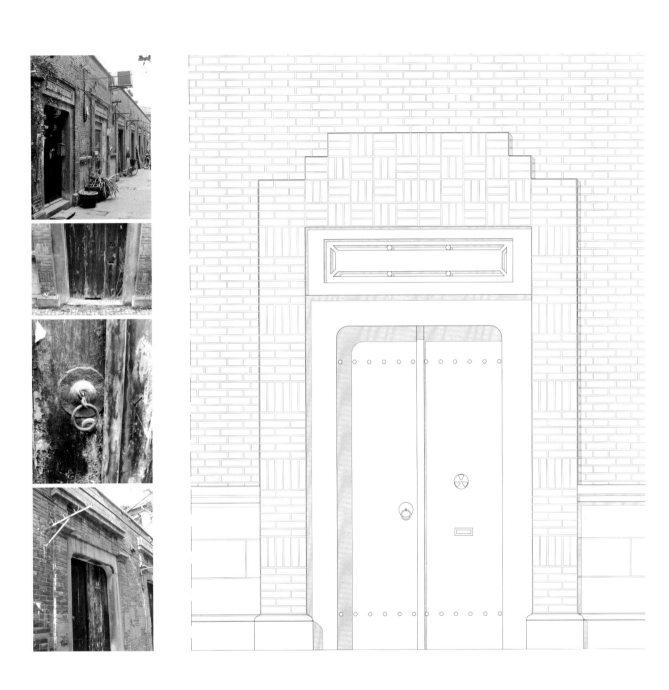

上：建业里门窗修复前的状况以及测绘图纸。

族的门面。1910 年后，随着西风东渐的加剧，新式石库门的门头不再用传统的石框和石雀替，而是效仿西洋古典建筑，两边装饰欧式立柱，门兜上多采用希腊三角形花饰、罗马的半圆拱形花饰或巴洛克的多角体和曲线型装饰等，门面上的西方特色与推门进入后的中式风格相映成趣，表达着城市新兴中产阶层中西折衷拼贴的时髦；到 1930 年后，受当时流行的装饰艺术风格和现代主义的影响，门头

上：建业里石库门在不同空间
中的呈现。

右：建业里沿街立面。

装饰愈发简约，古典的繁复花饰被几何装饰取代。紧紧追随时代风尚变化的"石库门"大门越来越西化和现代，直至在新式里弄中完全消失，被西式镂空雕花的矮铁门替代，乡土中国的形象元素和传统入户的仪式氛围在此渐渐远去。

在建筑材料上，伴随着美国制造的波特兰水泥（硅酸盐水泥）的大量进口，混凝土、抹灰等相对廉价易得材料的大量使用，原本箍门的石条被混凝土和一种创新性的装饰抹灰做法——假石饰面取代。假石饰面工艺有着不输于天然材料的品质，被广泛地运用于上海近代住宅群中，用以装饰立面的线脚、门窗套、檐口、勒脚、阳台扶手和栏杆、台阶、围墙及门柱等。假石饰面工艺分为水刷石和斩假石两种，都是在水泥砂浆中混合天然石料骨粒，以达到一种类似石材的纹理效果。"相比于石材开采、加工、运输和施工的艰难，水刷石和斩假石饰面既有质轻、施工简便和经济的优点，兼具石材的真实质感，因此成为一种可以替代石材的外墙面层材料。尤其在并不盛产石头、以木材为主要建筑材料的东方，这一技术一

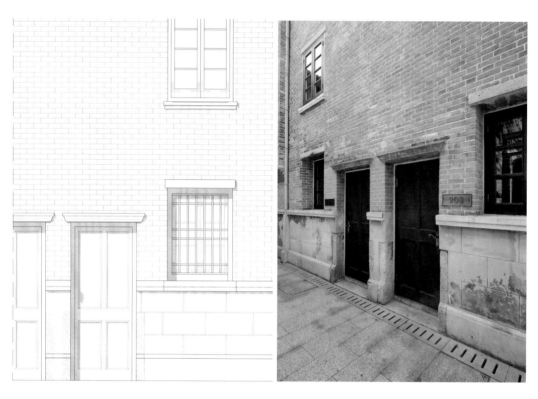

上：建业里后弄立面修复前后与
测绘图纸。

右：建业里原设计图纸中的剖面
与立面图。

经传入，就得到推广。"[26]

以建业里石库门大门为例，石库门门框由基地外预制的混凝土梁柱框架构成，梁柱框架衔接处还模拟出石头的圆弧转角手工造型。混凝土表面也作斩假石处理，即在混凝土将干未干之时将其剁毛，呈现出一种朴素的、如石般的质感。

石库门大门上的装饰，因分期建设而稍有不同。较晚建成的建业里西弄，立面呈现有节制的简约，细节精简之极，营造出一种简单又朴素的优雅：门框上方匾额位置是一块长方形混凝土挑板，一圈线脚简单勾勒围边；门框两边的立柱是一砖半的清水红砖突起墙面，砌筑方法有别于石库门外墙的一顺一丁式，而是以六皮砖为模数，纵横交叠拼花布置，在匾额上方作层层收进的变化，并以三皮砖为模数纵横交叠。整个大门的装饰元素中既有对古典的映射，又反映了现代品味，和外墙上段的清水红砖以及下段的水泥砂浆仿石划分的粉刷墙裙，既有明显区分，又在视觉上有所呼应，完美融于一体。

相较于建业里西弄门头的现代简约，较早建成的东弄和中弄，石库门门头装饰稍显传统，同样的清水砖装饰材料，门柱柱头、门楣三角形山花和挑檐的处理

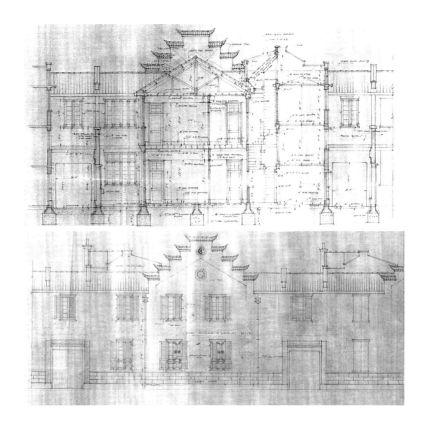

明显带有对西式古典石构构件与装饰的模仿，有比例失当的堆砌感。二者饶有意味的对比互印，为我们提供了现代性在一个特定节点上的不同呈现方式，可以窥察到当时审美风尚的快速流转。

70 年后的今天，在建业里保护和开发过程中，石库门大门同样作为里弄的关键要素进行复原。由于多年使用，部分石库门入口被封闭，墙体被拆除，沿建国西路的石库门被若干层抹灰、面砖和装饰严重改变了原始风貌，而且所有的开口、木制门窗保存状况非常差。修复依据历史资料并基于现场历史原物收集、调研恢复历史原状的细节，并以同样规格、尺寸、材料和开启方式的门窗替代。石库门黑漆大门门扇上下一排内外贯通的螺钉、外罩半圆突起的螺帽、左扇门上的圆形门环、右扇门上的圆形观察孔、门背后的天地栓和门闩等细节被一一还原。当然也有细微的适用性改动，如取消了观察孔上可转动的铁片和信报箱投递口，新增了门铃和灯柱等。

马头墙：封火墙的意义

　　建业里石库门里弄从开发营造之初就不是一个静态的处所。"石库门""马头墙""回字文"等乡土建筑元素以一种历史以及意义的碎片形态，存在并介入当下，成为里弄无所不在的背景甚至前景。和里弄居住单元的中式空间一样，这些外在建筑元素与时间、记忆的关联性，塑造了里弄的乡土文化特征，构成了居民的文化认同，构建了具有情感深度的居住社区氛围。

　　山墙是高出屋面的横墙部分，是民居上部轮廓线的组成部分。当山墙面向总弄或街道时，为了美观一般都加以修饰。建业里外墙上最显眼的就是"马头墙"，俗称"封火墙"。这种山墙形制是徽派建筑和赣派建筑的主要特色，呈台阶型，通常有似马头的花纹装饰，取"一马当先、马到成功"的吉祥之意。马头墙在老式石库门里弄中非常多见，既有封火功用，也迎合了保守老派屋主的审美喜好。

左：建业里的独特标识——超长马头墙的立面局部图纸。

右：修复后的马头墙实景。

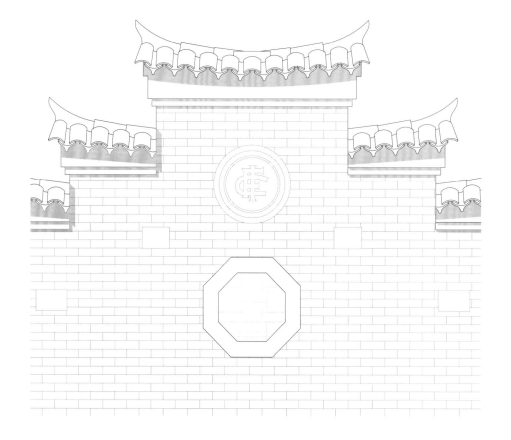

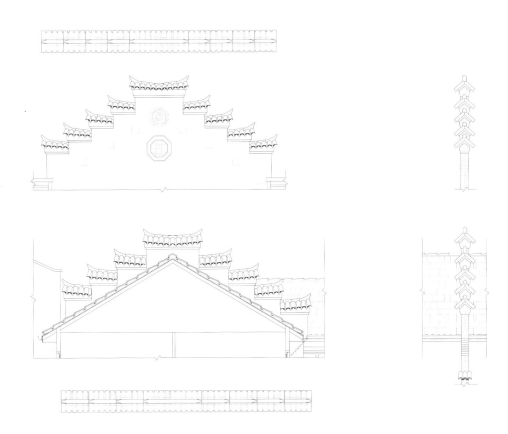

随着国际化、工业化的冲击，也由于当局的种种规定限制，1910 年后这种乡土中国的代表性元素在新式石库门里弄中逐渐式微，慢慢成为历史。

但这一过程并非线性的，其间也有摇摆不定的反复。比如，建业里的西弄就将马头墙作为最大的装饰元素。西弄东端的山墙面将 6 个弄堂排屋通过过街楼连为一体，自建国西路过街楼起，一直延续到北面岳阳路 200 弄，总长 110 米。山墙顶部由 6 组马头墙高低起伏连缀而成，层层叠落的墙头和翼然起翘的尖脊赋予这片墙浓烈的徽派建筑风格。每组马头墙表面还嵌饰了一些优雅且具有历史价值的细部：每个山墙上有一个八角形砖砌隔栅用作前楼木构屋架的排风；气孔上方有一带有特殊标记的混凝土圆盘，F、I、C 三个字母组成的花饰是建业里开发商的法文缩写；气孔两边排列着一组混凝土块，是屋面檩条在承重墙处的承托，既是功能构件，又是立面装饰，和墙头上阶梯叠落的脊一一呼应。

除了西弄东山墙上绵延百余米的"主旋律"，马头墙这一元素还装饰了西弄

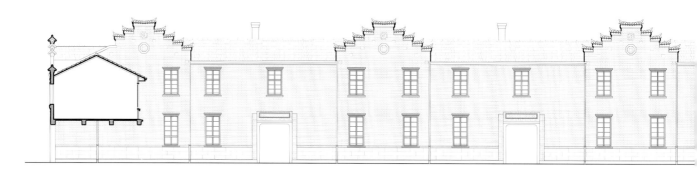

所有的防火墙。建业里西弄由 6 个排屋构成，每个排屋又由 11 个标准单元构成，并用 240 毫米厚主承重山墙划分出 5 个防火分区，防火墙墙体垂直向上伸出屋顶，把相邻两部分的木结构楼板和屋架截然分开。高出屋顶的墙头上覆盖着红色筒瓦，层层叠落的马头墙装饰赋予了水平状延展的屋面一种节奏和韵律。

相比东弄、中弄的西式风格建筑山墙和防火墙，西弄对于马头墙历史元素的追溯与保存，营造了一种情感效果，一种可以表达住户品味、情感和记忆的鲜活环境。只是由于长期超负荷使用，为增加使用面积，东侧马头墙上陆续加建了许多新的窗洞。建业里保护和整治过程中，采用了精细的外墙修复技术对其进行重新封闭，根据档案材料、照片、历史文件和图纸中的准确信息，恢复、修复和重建受损部位。缺损的"跌落"得以修葺，所有缺失的装饰性细部或墙面的破损也用原材料、原工艺修复成最初的样子。

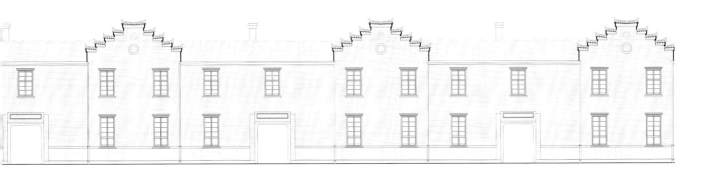

过街楼：不浪费的空间

过街楼是上海里弄中的一道风景线，代表了老上海的一种风情。

它是两排房屋之间的连接体，大部分位于二层及以上——底层供弄内人车通行，二三层是住所，一般与隔壁单元连通，少数单独设爬梯进入。原本建筑之间的窄缝，作为一种剩余空间，仅作内部通行之用，而过街楼横跨在通道上增加居住面积，体现的是房产商的精明，反过来也界定和丰富了里弄的街廓界面和公共空间，不仅是里弄外部形态对城市界面的回应，也包括里弄对内部的空间组织和流线的控制。

弄口过街楼如同"门洞"，界定了"里面"与"外面"的领域。它是里弄内部空间与城市街道空间的分隔屏障，将里弄生活置于社区的围合庇护之中，主动营造了人与人交往互动的密度空间、邻里守望相助的温暖氛围。对于居民而言，过街楼下方的"灰空间"是其闲暇时的聚会之所，也是获取里弄生活信息的集散地，还是夏日里纳凉的好去处——晚饭过后举着竹榻藤椅，坐在过街楼下的穿堂

风口打牌、下棋、抽烟、吹牛；对于幼童少儿而言，弄口过街楼耸立在通向外部世界的最边缘，昭示了他们自由活动范围的安全边界，在弄堂书摊看小人书、支起桌子打乒乓球、滚钢圈、斗地主、造房子，花样百出；对于小摊贩而言，弄口过街楼是皮匠摊、裁缝铺、点心推车、水果挑担等扎堆落脚的地方，一来这里是居民出入的必经之处，二来有遮挡，可以风雨无阻地营业；而对于居住在过街楼内的居民而言，弄口过街楼好比"瞭望台"，一边窗对着弄堂，一边窗朝向马路，两头各有风景，当然也有临街车水马龙、人声杂沓的烦恼。

建业里沿建国西路共设置了四个弄口过街楼，其中居中的为主弄口，其余三个为次弄口，西弄的 6 排房屋之间设有过街楼，各自与最西的界墙间也有过街楼，东弄与中弄之间也形成了过街楼。因此总计有 19 个过街楼。[19]

弄口过街楼"门洞"不仅方便居民出行，也能在街景上将建筑物连成一体。从街道景观的角度来说，这种连续界面创造出横向延展角度上的关联度和整体性，呈现出是一个特别绵长、有围合感和识别性的"都市聚落"图景。相较于里弄内较为单一且经济实惠的立面处理，建业里沿街立面可谓造型丰富、装饰讲究，尤

左：建业里修复后的支弄与
过街楼实景。

右：修复前的建业里支弄与
过街楼。

其是弄口过街楼，作为里弄的门脸对外展示形象。总弄口门楣上镌刻"建业里总弄"字样，墙面以斩假石装饰，中间有水泥抹灰类回纹装饰条，二层窗户两边有水泥抹灰几何图案，窗户上方是灰泥抹出的"F.I.C"，饰以四方边框。墙头呈中间高两侧低的阶梯状；其余 3 个次弄口门楣上方镌刻"建业里"字样，墙面装饰与总弄口类似。在建业里水平延展的沿街立面上，垂直构图的弄口过街楼不仅便于识别，也赋予了均质划一的外围界面一种变奏和韵律感，等于为里弄竖立了一块永久的广告牌。

其中，最有特色的莫过于总弄口过街楼，虽然曾因时间久远而面目全非，如今也按照最初的图纸样式得到恢复。它在空间结构上拥有 3 个层次的分割，由中弄最南侧两排住宅的过街楼和架在它们之间的木构雨棚共同构成。这个架空雨棚与两个过街楼垂直相交，将两排建筑连为一体。雨棚之下是建业里的商业内街。由建国西路总弄口进入光线幽微的内街，隧道尽头依稀有一道微光，圆拱门洞出口正对的是内街广场，洒满丰盈的天光，令人恍然间有时空错位之感。这一戏剧性的体验过程，通过一个先抑后扬、内外明暗巨大反差的旅程，为尽端内街广场

的体验升华作铺垫，同时也过滤掉了外面开放的城市街道气息，将情绪带入围合内宁静、亲切的家园氛围中。

　　走入内街广场回首凝望，总弄口朝向商业内街的立面也相当考究：半圆拱券门洞四周一圈水刷石镶边，墙面上的斩假石饰面、抹灰装饰以及过街楼窗边的几何形装饰，与主弄口沿街过街楼立面呼应，而高出檐口砌筑的女儿墙也是装饰的重点，中间高、两边低、阶梯叠落的形式和中东弄石库门大门的门头装饰有些类似。其实最初的设计更为华丽，式样是一座三跨的牌楼，正中圆拱券的上方装饰繁复，两侧用方砖铺贴了装饰块，使用磨砖对缝工艺，拱门前还有一对报鼓石。但是从改造前的调研来看，现场除了有圆拱券和磨砖对缝的痕迹，整个形式却因为变动过大而难以辨认。今天的立面是参照历史图纸样式后进行的修复，保留了半圆拱券入口形式，其余部分参照主弄口沿街外立面样式修复，三段式处理手法丰富了立面形象的构成关系，同时强化了半圆拱券这一造型元素。

左：建业里建国西路沿街的过街楼外观与里弄内景。

右：内街广场夜景。

拱券门洞：空间的设定

门洞的意象与概念由来已久，比如我们进入城市时的城门、进入村镇时的牌楼，它们在风景构图中形成了一种标志，用一组建筑元素构建了一种空间界限，让人停顿并审视。跨出一步，穿越出入门洞的行为，形成了空间场所的领域感。

建业里的拱券门洞，将单体建筑联结为一个整体，社区建筑与空间彼此有了共同的联系与归属。这样的空间组织与建筑相互"搭界"，构建起建业里总体的系统框架，也区分了各组团建筑间的关系。拱券门洞具有双重作用，既是联系建筑前后、左右、上下的构件，整合了空间的逻辑关系，又是分隔社区空间的元素，界定划分不同建筑空间的内与外。这种秩序的建立，恰是城市社区生活空间中公共与半公共领域的核心。

今天，建业里仍旧维持着曾经的历史脉络、传统的空间格局。外出归来，街道上经年累月形成的林荫遮挡并分散了阳光，使街区沉静下来；临街过街楼是里弄街区的门户，四面围合形成的内向，把封闭居所和城市隔开；穿越街面过街楼，沿着主弄走进来，沿主弄东西展开的平行小巷，如同鱼刺般逼仄细密，形成层层深入的致密网络，它们被称为弄堂的小巷，近似于里弄系统的毛细血管，均匀地分布在主弄之间的岔道中，占据了里弄更深层次的空间，是整个石库门街区的血管和纽带。而建业里东弄、中弄独具特色的建筑构件——半圆拱券就是进入各条支弄的门户。不仅富于装饰性，结构上也可增加建筑刚度，同时对于分隔主次弄空间，增强归属感，增加半私密性等均具有良好作用。

层层深入的过街楼与圆拱门洞，丰富了原来的线性空间，增加了空间的层次和节奏。它们如同复调音乐卡农，在里弄主次弄空间中循环对位往复，形成一种此起彼伏、连绵不断的效果，创造出迷宫般的无限可能。穿过一道道门洞，从闹市走入静巷，从明处走入暗处，有一种曲径通幽般浪漫诗意的指引，给人带来奇妙的穿越感。每一层次的跨越与进入，都将增强认同与归属感，营造更亲密的氛围。重重门洞把人的视线引向弄堂深处，两边如镜像叠影般矗立着一幢幢石库门。叩响门环，或是拿着钥匙开启大门，就有了归家的感觉。

反向的行走则颇具戏剧性。走出后门，从逼仄狭小的弄堂穿过，尽头的圆拱门洞框出高耸的水塔、闹猛的菜市广场，恰是石库门里弄最鲜活的画面与情境。今天，非功能性的半圆拱券构件被全部保存下来，串联起石库门里弄的前后场景、新旧构筑，创造了一种在时空中穿越行走的节奏和愉悦感。富于匠心的经典形式所烘托的，不仅是建业里标志性的景观塔、内街广场和石库门，更是建业里变中有常的镜像，是这个街区变化着的活的灵魂。

左：建业里拱券门洞是里弄领域的界定，建筑柔和温暖的弧线丰富了空间的层次。

右：建业里拱券门洞修复前后的对比。

屋里厢的开放空间：天井·阳台·晒台

The Open Space: Dooryard·Balcony·Terrace

经过 70 多年的超负荷使用，建业里石库门的建筑空间被一再分割挤压，上下叠加、前后延伸，就连天井、阳台、晒台也被层层改造，边角缝隙被极致利用，难有喘息的空间。建业里修复就是还原当初的建筑空间特色和使用功能，从繁杂的空间清理、结构加固开始，修缮原有的建筑样貌，恢复原来的空间结构状态，使之成为体验旅居生活的独特场所。

里弄单元中的天井、阳台、晒台是借"天"的空间，应对上海的江南气候特点，采光、通风、接收雨露，让幽暗的石库门室内有了光亮和生机。它们营造了里弄的私密领域，重新定义了城市中心的"隐居"：都市的喧嚣被挡在外面，人们可以站在天井里看天空飘过的白云，在阳台上俯瞰梧桐覆盖的街道，或是登上楼顶晒台，坐看城市起伏陆离的风景。

天井：内向的庭院

上海石库门里弄的根基之一是乡土中国。石库门内的天井，就是江南传统民

居多进天井庭院的缩略版，是石库门里弄住宅中最具代表性的空间元素之一。它在十分有限的建筑环境中，保障了乡土中国的生活方式在大都会中的延续。

天井，顾名思义"天空之井"，由"天留"演化而来。在高墙重门的围合之中破口借天，引入风雨露、嵌入日月光，让室内空间别有洞天，以满足高墙深宅无外窗的封闭建筑的通风、采光、排水和排解心情压抑等需要。在湿气重、雨雾多的江南地区，天井在室内通风、采光透气中起着相当重要的调节作用，不仅改善住宅小气候，也由于其对光与水的"聚拢"作用，逐渐演化为一种可以代表集聚财富的文化符号，寄托着"肥水不流外人田""财气聚家"的期待。

石库门里弄，将中式风格的空间构成逻辑，与西方联排式住宅的框架思维完美嫁接，成为上海最具代表性的商品住宅。推开乌漆实木的厚门扇，迎面便是浅浅的天井，"只需三四步就跨过了，横里等于一所房子的阔，也不过五六步光景，如果从空中望下来，一定会觉得那个'井'字怪恰当的"[27]。不同的里弄，天井的大小都差不多。建业里石库门里弄的天井面积约为10平方米。虽然面积不大，但正对客堂间落地的通长隔扇，边上或有厢房大片的花格窗，楼上是通排板窗，使客堂、前楼、厢房均能拥有较好的通风和采光，并提供居室内部空间与里弄公共空间自然的过渡，形成一个与自然连接、亦内亦外的特殊空间：对内它是一个

左：从天井看向室内。

右：充盈着植物、阳光与花香的天井。

上：天井内，即便敞开着黑色的木门，门框还是界定了内外的空间。

右：朝向天井的建筑立面。

外部空间，阳光和风雨可以宣泄而下，花草树木可以蓬勃成长，太阳好的时候，格子门一开，天井和客堂浑然一体，室内外被有机地统一起来；对外它又是一个不折不扣的内部空间，围墙大门将户外脚步杂沓的公共空间隔离；天井也成为外界环境和室内环境之间的完美过渡。

　　虽然石库门里弄以一简再简的演替为特征，庭院深深的多进院落改为单进，多开间变为两开间，再变为一开间，繁复稠密的雕琢细部被简约实用的工业价值观与审美取代，江南民居的格调渐渐消失，但它依然保留了门—天井—客堂—附房层层递进的中式空间构成逻辑。奢侈留白的"天井"上承天光下接地气，俨然是封闭住宅内部没有屋顶的"厅堂"，在这个完整而合用的露天空间，江南精致讲究的生活方式得以延续：天井内的方寸之地通常摆放几盆松、兰盆景，墙角栽上丛状灌木，花窗下放一口荷花缸，支一张小桌，泡一壶花茶，坐在院子里吃饭喝茶、读书看报，边上锦鲤在缸中吐着泡泡悠游摆尾，麻雀在枝头叽叽喳喳……

美好的植物不是一夕长成，需要日积月累的细心呵护。对于大都会新兴中产阶级和他们的小家庭而言，离乡背井来到大都市打拼，终于在石库门里弄中安顿下来，在新家的方寸庭院中撒播种子，在莳花弄草的岁月守候中定了心、生了根，在自然四季赋予生活的仪式感中，找到家园的安定和归属感。

　　但是这样的现世安稳被接连的战争打破。上海成为避风港，逃难者大量涌入。建业里独门独户的石库门住宅被精细分割，单开间房子被分割为单间住房分别出租，三教九流、"七十二家房客"纷至沓来。奢侈的"留白"逐渐被延伸的屋顶覆盖：客堂间向前扩展，占据了原先的天井；晒台则用几张铁皮搭成一间房间……

　　2008 年开启的建业里保护与再利用项目，将历经岁月洗礼的石库门里弄从物质境况的蔽旧破败中拯救出来，拆除为增加居住面积所延伸之屋顶，恢复天井和晒台，还原其最初一门一户一院的居住形态，重新体现原设计中功能与形式之间的对应关系。同时，呼应时代的发展，生发出新的生活方式，从住居变换为旅居。推开黑漆木门，一方青砖铺地的小院映入眼帘，角落里辟出一个花坛，立起爬藤架，缠缠绵绵绕满了枝叶。时间的浮光碎影慢慢划过，收获宁静愉悦的居住体验。当生活方式已不再依附于这一空间时，天井作为传统生活的符号，很适合"隐于市"的叙事风格，是石库门里弄体验中别具魅力的一道风景。

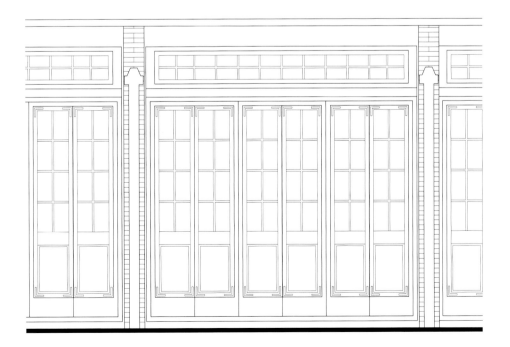

晒台：背后的高台

上：俯瞰建业里的晒台。

右上：独享的高台，难得的安静。

右下：修复前与修复后的晒台。

相较于风情万种的前阳台，位于石库门后方的晒台十分实用，是石库门里弄家家户户必不可少的空间配置。晒台位于亭子间顶上，露天无遮拦，可以晾晒衣物。竹竿把头顶的苍穹架出格子，飘飘于风中的衣裤床单，扬扬如万国旗。尤其是在冬日晴朗的日子里，太阳晒过的被子蓬松柔软，吸足了阳光的味道，将一晚的睡眠变得暖意绵绵。晒台上也栽花，植在破面盆、或用碎砖围起来的一掬泥土中，都是些阴生着也能开出漂亮花朵的家常品种，红的有凤仙花、鸡冠花，绿的有万年青、甚至青葱青蒜。晒台也兼充堆栈，凡是不经常用、舍不得扔的杂物小件结着蛛网、灰头土脸匍匐一角。晒台也会被封顶，住户为扩大居住面积将平台改成了一间间小居室……

石库门内的生活不止于眼前的柴米油盐和灶头烟火，小小晒台更在一锅粥般稠密的里弄生活中撕开一个豁口，提供了一个放飞精神和视野的平台，一个观照城市的超脱视角。晒台面积和下面的亭子间相当，建业里东弄、中弄晒台宽2.3米、

深 3 米，西弄宽 3.6 米、深 2.5 米。晒台可以晨练，可以乘凉，可以呼吸新鲜空气、享受温暖阳光，可以从晒台上俯瞰下面的后街狭弄、后门后窗，倾听弄堂里浮起的市井喧嚣，提供一个更高的视角和维度。从晒台上望出去，城市宛如旷野，无数红瓦灰脊连绵起伏，组成了那个时代平民百姓生活的世界，而远处的高楼宛如舞台布景，昭示了大都会蓬勃向上的另一个世界。

石库门里弄作为空间性的物质形式，凝聚的是地久天长的时间感受和传统审美，还有埋藏在记忆深处的亲切家常。今天的建业里高度还原了石库门的里弄空间，即便是小小晒台也成为储满历史记忆的容器：通向晒台的楼梯依然窄且陡，晒台四周依然被齐腰高的围墙围着，扁扁的烟囱无用地竖在一角，半壁厚的烟道壁用墙砖挑出三五皮，顶端接一段铸铁管防雨。石库门建造时期，柴作为厨房燃料，会制造出大量的烟尘，所以烟囱是石库门住宅的必备构件。后来燃料变成了煤，烟囱失去了原有的作用，沦为了晒台上搭建房屋的围合结构。如今按照最初的设计复建还原，保留历史风貌的丰富多样性，天井、晒台、阳台，里里外外、上上下下、前前后后，空间与时间、记忆折叠再折叠，角角落落的空间都具有叠加的特征，给人一种丰富的直观感受。

黄昏时分站在晒台上向过往的时光回眸，让人不禁想起夏尔·博德莱尔的诗句，"看那离去的岁月，穿着过时的衣服，依偎在天空的露台上"。虽然后街窄弄的市井烟火沉寂，天上繁星密布的璀璨星河遁形，但石库门内精致生活的气息一脉相承，晒台上细心细养的花草生机依旧，对面房子细工细排的红瓦屋顶、水塔原址上高耸的灯塔、远处参差林立的摩天楼也似曾相识，这就是历史建筑的迷人之处，虽然石库门里里外外的风景早已变了几番，但依然是日常的图景、我们眼熟心熟的画面。今日的更新包含着整个过去，它被写在建业里街头巷尾的各个角落，写在窗格的护栏、楼梯的扶手、晒台的烟囱之上，写在那些平行甚至不自知的相遇之中。

左上：从空中望去，客房晒台和客房天井成为里弄中呼吸空气、迎接阳光雨露的小天地。

左下：在晒台上看攀爬的绿植与窗扇细部。

右：俯瞰建业里的晒台。

阳台：空中的舞台与看台

如果说石库门内的天井是对江南传统住居习俗的继承，那么阳台则是舶来的
欧陆风情的承载。

阳台，顾名思义，有阳光的平台，是室内空间的延伸，地中海沿岸明媚的阳
光催生了南欧的阳台文化。对于住在钢筋水泥"盒子"里的人来说，阳台可以看
街景、喝咖啡、享受阳光和空气，即使面积不大，只够放上一张小圆桌、两把小
椅子和几盆花，也拥有室内空间无法比拟的优势。在欧洲老城中，个性化建构的
阳台非常醒目：有的奢华绮丽如音乐厅歌剧院的包厢，扭动着巴洛克的夸张线条；
有的带有植物藤蔓的屈曲线条，飘荡着新艺术的清新造型；有的简洁平直，表达
出工业时代的功能理性之美……小小阳台不仅承载了历史、文化、艺术的厚重积
淀，映射出阳光、热情、浪漫的万千风情，也涌动着丰沛的故事性，是作家笔下
看与被看、承载戏剧张力的"空的舞台"：英国作家莎士比亚将罗密欧与朱丽叶
的爱，萦绕在维罗纳的阳台上；歌剧《塞维利亚理发师》中，阳台作为浪漫恋情

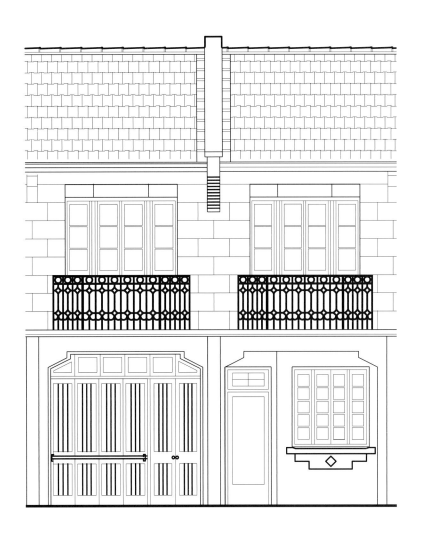

的经典场所，构成了叙事的核心空间场景……

剥离浪漫故事的包装，二十世纪二三十年代，阳台作为一个具有相对独立性的空间形态，被引入上海里弄房子和公寓。二十年代以后建造的一些时髦的里弄房子，通常会用落地门代替窗户，在卧室或客厅外建一个半露天或者全露天的小阳台。比如建业里东弄沿建国西路建造的第一排住宅，就拥有相当别致的二层阳台：平面是切角多边形，面宽 2~2.8 米，落地门窗也为多边形，两侧固定扇，中央双扇外开，与外挑阳台形成对称，从而形成进深 1.1 米左右的阳台空间。铸铁栏杆花饰简洁，为圆形和水平垂直线条的组合。

在封闭感很强的、传统意义上的内室中，增添一个外向的、可以站脚的阳台，既是居室内部空间的延伸，又是外部城市街景的一部分，把居室空间与外部都市

空间联系在一起。居室内景与都市外景的交错，使阳台成为两种视野的连通中介，拥有边缘性和混杂性的空间特征和特殊视角。身处阳台，人们可以自如地俯瞰都市，又与其保持观照距离，身后居室小格子的玻璃门里挂着白色窗帘，使阳台获得了进退裕如的安全感，保持着对都市空间的有限介入和居高临下的疏离感。不同于都市空间中的漫游、楼窗边的眺望，站在阳台上俯仰自如地看市井、听市声，把阳台外流变的都市空间作为背景和前景，嵌入阳台内日常的家居生活中，是家居空间与城市保持联系的重要方式。

　　空间是物质性和社会性相重叠的存在。即便是同一里弄或公寓的标准化阳台，也有参差多态的意义生产和个性化建构。建业里沿建国西路第一排阳台的设计，细心考虑了建筑与城市界面之间的关系，精致讲究的铸铁栏杆花饰成为表达生活态度、展示生活情趣、为城市增添风情的舞台。它是里弄封闭空间向外的窗口，影响着建筑在城市环境中的姿态。建业里中弄第二、第三排的二层则采用了平实的内阳台，统一朝向商业内街，从内街广场看去，这些阳台像一条长廊连成一排，成为居高临下观照市井生活的看台。和天井、晒台一样，阳台也不是石库门内孤立营造的局部空间，它利用较小的资源，创造了一种关系，增添了空间的层次和丰富性，其被赋予的空间意义较客堂、卧室更为丰富和复杂：有惬意，是晒太阳、乘风凉、活动筋骨的安适小天地；更多的是实用，晾晒的衣物像漂浮的彩旗，兼充储物间的角上堆砌着杂物，甚至为扩大居室面积封阳台……它们构成了一个与摩登上海并存的、日常的街道图景，表现了上海都市空间的异质性。

　　今天的建业里通过有机更新，超越岁月与我们前所未有地靠近，显露出它多元的魅力与色彩。而兼具新旧元素的阳台，也以其独特的站位和视角，提供了前后的美好连接。它与浪漫文艺的法式下午茶，优雅时尚的米其林法国餐厅，醇厚历史的法国酒庄连接在一起，成为一个鲜活的文化符号、一种优雅自在的文化体验的载体。这里缤纷雀跃的不是霓虹闪耀的广告，不是迎风招展的横幅招贴，而是阳台上绽放的月季，石库门前摆放的"花舟"，山墙上层叠的爬山虎，吸引着城市漫游者欣赏的目光、驻足的脚步。挑一个阳光午后，邀二三闺蜜知己，坐在梧桐掩映的阳台上细品红茶小点，欢愉感随着隐约的背景音乐和变幻的光影交织流淌；又或是在夜晚，和同道中人在米其林餐厅品尝一顿法式大餐，精美的摆盘、一丝不苟的礼仪、充满创新和艺术想象力的菜式，乃至空间、光影、色彩、气息，还有看得见石库门风景的位置，共同营造出一种主观的、立体的、浸入式的文化体验。

左：建业里沿街建筑的阳台与行道树相映成趣。

右：建业里的沿街建筑阳台是看与被看的地方。

里弄的家具样本：写字台·梳妆台·麻将台
The Furniture: Writing Desk·Dresser·Mahjong Table

右：建业里客房内的台子。

进入建筑室内空间，除了室内装饰外，就是家具和器物了。我们试图通过典型家具的分析图解，还原里弄空间的使用活力。梳妆台、写字台、麻将台等，不仅定义了里弄房间的功能，这些家具的材料选取、制作工艺、风格样式的流变，也是中国近现代走向工业化的重要印证，折射出一个时代的风格变化和社会活动方式的演变，它们与当时（1920—1945 年）的建筑、室内装饰、日用品、服饰、电影、出版等相互影响，共同见证了现代性在中国的发生和到来，并延伸到当下的生活。

近代上海在不到 100 年的时间里，人口从五十几万到五百多万增加了十倍，移民及其后代占比接近上海总人口的 80%，而外国人从 1843 年的 26 人增加到 1942 年的 15 万人。"以现代的方式去看，潮流诞生的第一要素是人口，而且是有消费力的人口。"[28] 巨大的消费市场和购买力使得海派家具在晚清民国年间异军突起，成为与历史悠久的"苏作"和"广作"家具齐名的后起之秀。

近代海派家具最鲜明的特点是"中西兼备、新旧融合"，是多种文化相互渗透、化用的产物，迎合了来自五湖四海移民人口的多元需求。讲究传统的大户人家、在开埠城市淘金的外国人，都喜欢具中国明清特色的家具器物，"大到宁式眠床、

高柜、长案，小到挂屏、茶几、窗扇，甚至一只马桶，描金画凤的"[11]，传承了中式家具的形制和基本装饰元素；沪上新富用物往往中西并举，以中式传统高档红木打造西式家具，"欧派的洛可可风与晚清奢靡可说殊途同归，交互作用，螺钿、牙雕、贴金、描银，一派锦绣繁华；明式的简约素朴，又应和现代主义潮流。"[11] 或富丽繁复，或清雅简洁，各有千秋，却都是西式家具本地化的产物。对于新崛起的城市中产阶层而言，不仅流行上海的西式古典风格备受青睐，新潮时尚的新艺术风、装饰艺术风格、现代主义运动也亦步亦趋，体现了市民社会趋新尚奇的时代精神、兼容吸纳的审美取向和多姿多彩的表现形式。

其次是技术。作为中国引进西方现代事物的前沿窗口，西方家具生产的新工艺、新技术首先在上海落地开拓，赋予中国传统家具更多的可能性和变化——木材刚硬坚固的质地，经由高温蒸汽加热工艺得以软化、拉长、扭结、打弯，打造圆滑柔婉的视觉造型；氧乙炔高温熔接技术等现代工艺处理，可以将各种复杂金属元素或部件融为一体；电镀法（铜、锌、镍等），可以赋予金属器件多种颜色和表现力；胶合木、钢材、铜镍合金、玻璃等新型材料也进入海派家具设计制作的选项……

家具是与文化俱来的器物。如果说中国传统建筑与硬木家具蕴含了中华文明

左：上海二十世纪初的里弄中的家具。

右：出现在广告中的桌子、梳妆台、沙发、书柜、摇椅，体现了中西合璧的生活方式。

中的宗法礼制、道德寓意、读书人的美学观念，传递的是距离、秩序、等级和约束，那么中西并举的近代里弄住居与家具则将西方近现代的物质文明纳入日常的生活世界，以一种实用和舒适的姿态诉说平等和亲密。工业化生产降低了家具商品的价格，让更多人能够分享现代物质文明的成果，过上相对体面的生活。层出不穷的家具样式，满足了各式里弄住宅新的使用需求，推动了社会结构与生活方式的自然改变。

　　在城市风貌的保护和再生中，建筑和室内家具是一体共生、彼此互联的。家具作为里弄日常生活的物质承载、可移动的文化遗产，同样凝聚了上海的历史文化和地方特征，铭刻着里弄空间的尺度痕迹和生活形态，既联系着过去的时间与空间，也能够触动当下的生活方式。为了适应当代的旅居生活、审美和观念，设计师从民国年代的中式元素与法式风情中汲取营养，将在地的"原型意象""潜在维度"和"集体记忆"等，融入室内场景的塑造。客房家具也从日用的密集冗杂中转身，在实用之外重拾仪式感、历史感，在创造性转化中，营造了似曾相识的生活场景与体验。

麻将台与安乐椅：客堂间的社交娱乐

右：麻将台作为里弄的娱乐与时尚交际的场景。

电影《色戒》开场的一出戏围绕着一张麻将桌展开，"麻将桌上白天也开着强光灯，洗牌的时候一只只钻戒光芒四射"[29]。四个女人穿着旗袍搓着麻将，玉手、钻戒、闲话交锋杂沓，和着稀里哗啦的麻将声，完美演绎出张爱玲小说中的场景。

晚清民国，麻将在中国各地蔓延开来，男女老少、富贵贫贱都参与其中，茶楼酒店、公馆家庭都备着麻将。男人以打麻将为消闲，女人以打麻将为家常，不仅受市井百姓青睐，精英阶层也乐此不疲。而有钱有闲的中产阶级女性则成为打麻将的主力军，逛街和打麻将成为她们日常生活中必不可少的娱乐消遣。

当麻将成为街头巷尾十分流行的社会时尚，麻将桌取代一本正经的八仙桌，成为家庭社交和娱乐的中心，在民国客厅中占据主位。近代大户人家的奢侈宅邸，以彰显主人的社会地位和体面为宗，作为核心空间的厅堂开间大、天花板高，门窗多，室内气氛庄重。与之相匹配的家具同样意在抬高主人地位，方正的厅堂屏风前，摆放大家族围桌共餐的"八仙桌"、款待宾客时主人堂堂高坐的"太师椅"，两侧茶几和椅子等成行配对。这些场面家具多用舶来的贵重硬木，品种多器型大、雕工繁缛富丽，犹如舞台道具，高冷的仪式感明显大于身体的舒适度。

而石库门里弄的"客堂间"由江南民居的厅堂演变而来。它迎面是天井，侧面或连着厢房，后门连着楼梯间，是整幢住宅的通道枢纽。建筑面积一般在15~20平方米，适于小户核心家庭的日常起居。在紧凑的里弄住居空间中，精工制作的中小家具在尺度上与房间开间大小相称，在功能上对接新的生活方式。客堂中的麻将台、主卧中的梳妆台、片床和五斗橱、厢房或亭子间的写字台等功能家具，宛如不会说话的仆人为主人提供舒适和方便。

里弄客堂间的麻将桌都是四方形，形体变小、结构趋简、重量变轻，四周各有抽屉，四面各放椅子。相比威风八面的八仙桌、正襟危坐的太师椅，客厅中的麻将台、软背椅不那么讲究排场，也不分空间取向和座位排次，等级和秩序让位于平等、愉悦和舒适。牌桌上亲朋好友围坐一圈搓搓麻将、聊聊天、喝喝茶，饿了下人还会端上热气腾腾的鸡汤小馄饨，或是甜咸俱备的各色细点。

柔软的安乐椅取代传统的硬木座椅，将人们从正襟危坐的姿态中解放出来。中国传统坐具偏好硬木，体积庞大、用料结实，比起坐得舒适，"坐如钟"的姿态更在于彰显主人地位和威仪。民国时代，受欧洲家具的影响，椅子脱离了灯挂式样，"水火并济"的高温蒸汽工艺让直木弯曲成需要的弧线圈背，座面和靠背均装有软垫，并用织物包饰，木质框架与座面、背部和侧面的软饰自然贴合，不仅造型优美，而且符合人体工学，坐感舒适。

如果说两千年前高坐具的出现让中国人从席地起居转变为垂足而坐，引领了中国传统生活以高足桌椅为中心展开的日常起居和礼俗，那么晚清民国时代兴起的软坐具，则让居家生活与舒适惬意相伴：闲来倚靠软背椅搓麻将，在客厅沙发上半坐半躺看报纸，在阳台落地窗前的摇椅中慵懒地享受阳光和咖啡，坐在写字台前的转椅上读书写字……各种精心设计的安乐椅与人体坐姿完美契合，让体舒

与神怡相携，带来彻底放松自在的居家环境。

进入新千年，在建业里的保护和再生过程中，石库门里弄从住居变为旅居。为了适应当代的生活方式，设计师在有限的空间中精巧调度，重组日常生活秩序。客堂间摆放了沙发、茶几，取代麻将桌占据中心位置。但是沙发并非惯常地面对电视机柜放置，而是一字排开面向通长门窗框景的天井。面向风景的家具布置，构筑起石库门的生活诗意和仪式感，与旅居体验有着天然的贴合。这种"向外"的视线引导，也巧妙解决了客房空间过小的问题，加深了纵深感与开放性，可以说是对里弄空间的一种创新演绎。

客房标准单元是纵长幽深的生活空间，开间狭小，光照不充分。酒店家具设计的灵感虽取自二十世纪二三十年代的法式家具，但是在原型之上做了多轮改良，量身定制的家具摈弃了传统红木家具的雕琢与厚重感，无论是橱柜还是桌椅乃至灯具摆设，都被赋予包豪斯经典设计的简洁、清新、精密、材料适当、合乎使用目的等特性，使室内获得更多的空间与自然光线，从而更加贴合建业里自身紧凑的空间尺度。但它们也并非高冷极简，镀金铜层面与本色或黑漆木面（桌椅柜）、本色藤面（茶几）、乳白塑料（灯具）的嵌套组合以及花样纹饰，使得家具在现代功能主义之外，更添装饰艺术的复古、精致和趣味，仿佛在平和幽远的传统乐

左：出现在影视作品中的麻将台。

右：出现在广告中的麻将台，以及不同式样的麻将桌的比较。

曲中加入了鲜明嘹亮的音符。金属的包边勾线不仅是装饰性的，也有在视觉上收敛外扩边沿、在结构上"紧箍"加强的作用。而作为支承骨架，金属材质高密度、高强度的性能使承压截面更小，犀利有力的线脚呈现出更为通透、轻灵的美感，这一点在石库门里弄逼仄幽长的空间中尤为重要。对金属面层光度和纤细利落的支架线条的刻意突出，与传统木家具深厚沉稳的色泽和天然肌理相互映衬，丰富了审美意趣，同时有助于结构上的稳定，毕竟"木材的强度只是现代高强度钢铁的 1/20"。[30]

　　客房家具的摆放不仅是某种时尚风格的展示，也是生活轨迹的体现。它们乍看并不出奇，一点儿都不"炫耀"，在物理上节省空间，在表达上约束自我，在形式上致敬经典，但是执行细节考究，对材质与手感、色彩与造型考虑周到，端着一份日用之美的淡泊娴静。它们灵动多元的组合，丰富了石库门旅居的文化体验。

梳妆台与大衣柜：卧房开启的现代生活

　　中国古典家具中，没有现代意义高装巨镜的梳妆台品类，镜架、镜台、妆匣、镜箱等便携式的梳妆用具，是依附于其他家具中的小器件，恰好映射出近代社会中，女性独立地位缺失、完全依附于家族男性成员的社会现实。中国古代稍有身份的女子大门不出、二门不迈，隐没在深闺中无人识，她们日日对镜梳妆增色，用胭脂水粉、环佩发簪为悦己者容。但"她们梳的发型、穿的衣服的式样和用料，几乎一成不变"，"最多对头上插戴的花或首饰翻翻花样"。[12]

　　清朝初期，水银玻璃镜通过海上贸易来到中国，成为皇家和达官显贵才能陈设的奢侈品。晚清民国西风东渐，欧式家具成品、家具款式大量进入精英和中产家庭，带玻璃镜的梳妆台成为中国人日常生活中负担得起的奢侈品之一。每日对镜梳妆成为平凡生活中的一种仪式，出门前的穿衣打扮成为都市人在陌生人社会建构自我形象的重要步骤，赋予人们新的气质，乃至新的人生期许。

　　民国时期，上海的社会生活几乎与西方全面接轨，开化的社会风气使得女性

上：建业里客房中的梳妆台。

摆脱封建礼教的羁绊，获得更多的自由和空间：年轻女性走出深闺，和男孩子一起进学堂读书；越来越多的成年女性因拥有职业而走出家门，变得独立而自信；即便是家庭妇女也可以自由地出入城市公共空间——花园、林荫道、百货公司、电影院、咖啡馆，进行一系列消费行为，并建构起颇具现代性和独立性的性别认同。她们开始像西方人一样讲究化妆、衣着时髦、热衷购物，"新又新，日日新"成为日常消费生活的常态。

与之相适应的、女性专属的家具款式——梳妆台风靡一时。梳妆台是卧室系列家具中最有女性特质的一件家具，尤其是洛可可风格的梳妆台，这种法国的、高贵趣味的梳妆台，镜子顶端弧线与支脚弧线形成的对照和呼应，唤起使用者温柔的想象，以镜鉴居家生活中细微的愉悦。梳妆台上的大镜子增强了空间景深，从视觉上扩大了空间，消解了幽闭和局促感；亮闪闪的大镜子又自带舞台戏剧感，借助镜中的虚幻影像可以放大居室的华丽。梳妆台下的大小抽屉安有分格，可收纳一系列梳妆用的瓶子、刷子和首饰，其间来自法国巴黎的香水、化妆品和配饰成为摩登女子梦寐以求的商品。

上：上海里弄中的梳妆台与传统
梳妆台的样式对比。

右：上海里弄博物馆中展示的不
同梳妆台和化妆用品。

卧室梳妆台之外，箱柜类家具发展到民国，也拥有了与从前樟木箱截然不同的时代特征。新的衣着方式和洋装的盛行，对衣柜提出了全新要求。空间充足、立体挂放、带穿衣镜的大衣柜和壁橱被引入，抽屉众多、可以平整叠放大量衣物物品的五斗橱等，使得挂放、叠放、内衣、鞋袜、被褥等有了分门别类的专用储藏空间。"有钱人家甚至有专门放亚麻衣物的橱柜，内置式熨衣板，夏季则使用樟木壁橱。"[31]

西方文明颠覆了近代封建社会，现代女性意识的觉醒、尊重隐私的家庭本位生活带动了卧室地位的提升，为这个鲜为外人涉足的居室投上新的光照。体型庞大的中式架子床被一屉一垫的西式片床取代。包括片床、梳妆台、大衣柜、床头柜、五斗橱、穿衣镜等的十二件套、十五件套、十七件套西式卧房组合家具深受市场欢迎。它们用料相同、色泽一致、装饰题材与手法相似，家具风貌高度统一，既可以拿来炫耀，又以组合的方式解决了有限空间安置繁多家具物品的难题。相较于沉闷的红木家具，西式柚木、榉木家具材质轻盈、色调轻快，带给卧室空间更多的通透感和光亮。可以说，里弄中的空间和家具是建构现代意义的私人空间和自我意识的很重要的物质基础。

进入新千年，建业里的日常从柴米油盐的烟火气中跳脱出来，从室内装修到家具陈列，从软装器物到茶酒花香，简洁优雅的格调贯穿始终。

家具的摆放陈列是生活轨迹的体现。比如：主卧中对窗的大床被设计成一个能向外观望风景的所在，浪漫的仪式感带来温暖和治愈；曾经充满仪式感的梳妆台、带穿衣镜的大衣柜、五斗橱退出主卧，巧妙缓解了里弄开间的逼仄，为卧房释放更多自由活动的空间；嵌套于卧房之中的步入式衣帽间内，定制的整体家具将衣物收纳、化妆、更衣等生活功能集于一体，打破了传统衣柜对于空间的先天限制，也为更衣、化妆等更为私密的身体活动营造了一片独立的小空间，而衣帽间镂空的移门隔断不仅解决了密闭空间空气流通不畅的问题，移门上精细雕琢的花纹图案更使其本身成为一幅画屏，关上便是大床美丽的屏风背景。

最能反映出一个人文化品位的并非是多，而是少是一种将一切可能煽动情感的视觉元素都慎藏在"淡雅"里，偶尔露出一点点的细腻游戏。整个室内虽说都是现代设计，却带有历史的影子，用色彩、符号、气味、触摸和味道凸显多重表达与联想。传统与现代的细腻交织，既呈现了当代精品酒店的混融美学，又贴合石库门居家般的温暖氛围。

写字台与书架：亭子间蔓生的海派文化

　　"旧世界的文明就其性质而言是贵族化的，因为那时的文化和财富被少数人所掌握。"[32] 以文人书房为例，它是古代中国宅居基本配置中的主要组成部分，是文士读书、作画、会友和小憩的场所。榻与案的经典组合，加上香炉、花瓶、笔搁、镇纸、茶具等文房清供，共同营造了文士之风的起居空间，一个兼及修身、怡情、养性的小天地，抚琴、调香、赏花、观画、弈棋、烹茶、听风、饮酒、写诗、绘画……一种高雅的生活方式在宋代以降的精英阶层的生活里成为日常，形塑了艺术与生活通融的中式生活美学的源头。

　　"近代文化发展是一个'文化下移'的过程，即文化从精英的、贵族的，变为大众的——这是近代文化的根本趋势。"晚清民国，从西方引入的工业印刷术，可以廉价、快速、大量而精准地复制，刺激了面向大众的文化出版产业蓬勃兴起。五四开启的新文化运动，把知识从四书五经子史的故纸堆中解放出来，让白话文成为中国人的主要交流工具。大量的出版物让书写和阅读不再成为少

左上：建业里客房中的写字台。

左下：近代传统的写字台样式。

下：民国初年，四川高等学堂里围炉苦读的学生们，以及上海一位坐在书桌前的现代知识女性。

数人的奢侈品。

　　书写和阅读的普及，让写字台和书橱进入千家万户的日常生活。相较于中国传统画案琴桌，柚木制作的欧式写字台尺寸变大、抽屉变多，因为阅读量增加、摆放的东西也增加了，大报小报、期刊杂志、流行小说、工具图书等总是放不下。书架也发生了变化，随着西式装帧书籍的普及，出现了适宜站立摆放书籍的玻璃书柜和书橱。讲究的人家所有的图书都放在玻璃柜里，柜比人高。

　　在石库门里弄中，书房通常位于狭小的亭子间，位置在正房后面、楼梯中间，下有厨房上有晒台，朝北，冬受风欺夏为日晒，拉开窗帘便可看见后排房子的前客堂，面积不过十平米，最初设计应为储藏或仆役居住，但常被用作主人书房。窗下迎光处放一张书桌，桌前一张转椅，桌上一大片磨边厚玻璃，放置黄铜架绿玻璃的台灯、笔墨纸砚，还有台钟、台历、烟斗架、算盘等。每到夜深人静，男主人坐在软背椅上，包围在浓茶和香烟散发出来的雾气里，就着泛黄的灯光摊开一张报纸，或是读上一本好书，也算是民国时代石库门里弄中延续的文化书香。

　　事实上，亭子间既是一个实体空间，也是一种文化隐喻。"亭子间"名字本身就寓意其小，供短暂停留，又和园林中点景观景的诗情画意发生关联。当石库

门被精细分割为单间住房出租时，亭子间由于租金相对便宜，位置又比较独立，是初来乍到、囊中羞涩的外来移民进入城市社会的优化暂栖之地，一大批后来在文学史上留名的青年知识分子——作家、翻译、记者、编辑、教师、学生等都曾寄寓其中，过着清贫的波希米亚式的生活。就像巴尔扎克笔下穷困潦倒、只能住在巴黎阁楼里的作家和艺术家一样，他们也把亭子间当作"象牙塔"：或是在亭子间的暗影中书写自己的白日梦，把日常生活中的邂逅演绎成大都会的传奇；或是翻译国外作品，想象性地过渡到异国文化的世界中；或是写真他们的亭子间生涯，描绘身边上海小市民社会的市井百态……"亭子间作家"的称谓由此而来，这个称呼慢慢成为近代上海作家的代名词，海派文学的根基由此生成。

今天，建业里嘉佩乐酒店将小小亭子间改为影音茶室，用想象和营造酝酿了一个清新文艺的小天地。花、香、书、画、茶、器的组合，构建起后现代的闲雅意境，有形无形的文化积淀依凭空间、家具和器物的形式来传达，让起居作息包围在美好的器物和仪式感中。房间中主要有两组家具，一组是精心设计的组合矮柜，抽屉的开合方式不拘一格，抽拉式与闭合式相结合，还有翻板下的暗藏空间，

左：上海历史保护建筑空间中的
写字台与上面摆放的文具，代表
了一个时代的记忆。

右：建业里嘉佩乐酒店客房中
的写字台与上海里弄博物馆中
的写字台。

满足了拓展储藏物品的实用性要求；另一组是榻与案的经典组合，对接古代文人
书斋的经典配置，低矮的尺度恰好匹配亭子间的玲珑，就着几案坐于塌上，可以
读书、喝茶、弈棋或小憩。小小亭子间中今昔场景相互交叠，当下与历史彼此凝视，
置身其中品茶、观影、听音乐、读书乃至冥想，仿佛和民国时代蛰居亭子间的"精
神贵族"神交，获得一场新鲜、深度的文化体验。

里弄的色彩与纹样：传统寓意的现代诠释

Colors and Pattern Design of Lilong: The Modern Interpretation of Traditional Meanings

有问青红皂白：建业里的色彩修复

　　中国传统民居是"青砖黛瓦"。原始的制砖造瓦工艺不仅产量低下、大小不一，且每批次品质参差不齐。凭借肉眼辨识的火候控制，少一成则釉面不光，多一成则砖面裂纹，因而在潮湿多雨的地区，墙面粉刷是需要的。纸筋石灰厚厚粉刷，既有找平与防水之用，也成就了江南青砖粉墙黛瓦的别致美感：粉墙素壁如立体铺展的宣纸，墙前栽花种竹，斑驳疏影映墙，颇有淡彩水墨意境；屋顶上则是青黑的世界，连天的小青瓦铺展出江南水乡的淋漓墨色，檐口部位改用深灰色带瓦当和滴水的黏土筒瓦封挡。青黑色屋瓦背后一方面是五行观念，黑色代表水，水可以镇火，木结构的家园需要克火的水来庇护；另一方面则是等级制式，彩色琉璃瓦与红黄墙面只能用于高等级的皇家和寺庙建筑，民宅禁止僭越。就连大门也不例外，深幽的玄黑宛如不见底的一潭黑水，引申出大门背后无限绵延的空间想象。青砖粉墙与黛瓦黑门相映，错落绵延，铺展出江南的水墨家园，色彩搭配里隐藏着"风水"和"乡土"。

上：建业里鸟瞰。

上海开埠后，随着西风日渐，一种西方色彩逐渐替代粉墙黛瓦在都市中蔓延。大约是在 1858 年，上海开始工厂化生产欧式红砖，将制砖量和制砖品质提升到一个新的高度，为清水砖的普及应用奠定基础。青砖和红砖烧制的过程只有最后一步不同：前者水火相济，青砖烧制后乘热加水，生成还原性气体，黏土中三价铁还原为二价铁，使砖呈现青色，带有釉光；红砖则不加水，呈现三价铁的红色。"红砖与青砖同为廉价的建筑材料，而且红砖在力学性能方面甚至不如传统青砖。红砖的使用和清水砖墙在上海的风靡，并非作为一种从西方传入的更先进的建筑技术，而是与其文化意涵——宗教的和伦理的——密不可分。" [33]

对于清水红砖的审美缘起于十九世纪英国维多利亚时代，在工艺美术运动的影响下，清水红砖成为"基督教的'真理'和新教伦理的'真实'在建筑上的宣言"，[33] 被重要的纪念性建筑和城市建筑广泛采用，成为维多利亚哥特式建筑的重要特征之一。几乎同一时期，清水红砖在上海租界被转译成西方商人引以为傲的身份色彩表达。上海现存最早的清水红砖建筑，是外滩源附近英美商人捐资兴建的原圣三一教堂，内外完全以清水红砖砌筑，强调力感和几何形构图，推崇自然真实

和色彩交叠，在很长时间内被认为是"上海最美丽的建筑"。

"从 19 世纪 80 年代到 20 世纪初，维多利亚的清水砖墙立面处理手法在上海大量出现，上海的西式建筑进入一个以清水砖墙为主要特征的发展阶段。"[26] 虽然相较于混水砌筑的本地工法，裸露的清水墙对于砖块质量和砌筑工艺要求更高，也意味着更高的建造成本，但在竞争异常激烈的近代上海房地产市场上，建筑的异国情调能带来额外价值，对清水红砖这种外来材料和砌筑工艺的借鉴，意味着这一色彩符号的象征意义——西式、洋气，被当时社会逐步认同。承载着西方文化审美和生活方式的清水红砖瓦，作为立面表现手法风行于上海，成为当时社会背景下的一种"文化"选择。早期的石库门里弄建筑大量采用青红两色的清水砖墙，进入二十世纪后，清水砖建筑的外墙基本只用红砖，青砖仅用于内部的混水墙砌筑，甚至明文规定在西区的某些区域不得使用青砖。

建于二十世纪三十年代的建业里，很自然地"选择"了机制红砖瓦，外立面全部采用清水红砖墙，并采用当时流行的佛兰德斯式砌法，每皮砖都是丁顺交替排列，每皮丁砖都处于上下皮顺砖的中间位置。素朴红砖摈弃了表面的附加性装饰，呈现表里如一、自然真实的颜色、质感和肌理，还有源自砌法的雅致纹样。重点部位还有特殊的花式砌法：石库门大门旁有纵横相间的清水砖拼花门柱，门楣上方有折线收分的清水砖山花，窗上方采用了磨面砖工艺等，体现了这种材质丰富的表现力。

时间之于建筑，可以是味道，让建筑增添历史的"包浆"；也可以是伤害，长期缺乏维护便会破旧不堪。建于二十世纪三十年代的建业里石库门里弄，经过 70 多年的超长、超强度使用，改扩建、破墙开洞的现象非常普遍，砖墙表面或风化起皮起酥、或有脏污黑色硬层、或有钻孔切凿留下的孔洞，甚至生长出苔藓，

而不恰当的维修方式——包括在清水砖表面刷涂料，披水泥砂浆粉刷，甚至贴瓷砖，破坏了清水砖"表里如一"的基本特征。

保护修缮工程要求修复人员对原有材料和原有工艺拥有丰富的认识并进行周密的呵护，意味着工匠们需要模仿前人的手法，用充满敬意的方式复原。在改造施工前期及改建过程中，建设单位邀请专业房屋检测机构对基地内的历史建筑及周边的历史建筑进行全过程质量安全监测，及时掌握相关安全数据，有效控制施工对其影响；在建业里保护与整治过程中，耗费大量人力，进行了极其繁琐的清洁、保护、修缮、复原工作，特别注意保留一切可能使用或挽救的建筑材料以及其他人造物品，如原有墙砖被分类收集，甚至那些未用到修复项目中的建筑片断、材料及建筑部分。

建业里西弄利用原有的红色砖瓦，对外墙进行了原材料、原工艺的修缮恢复，在原材料不够的情况下，如一部分拆下的黏土砖在长年风化后变"酥"已无法使用，又花费了大量时间与精力四处搜罗相似的老砖，再尽可能依原样定制了一部分瓦片，最终才凑齐了建造材料。"整个西弄修补的时候用了近 10 万块砖，除了旧

砖以外我们还烧制了新的砖……现在站在楼上俯瞰下去，西弄的屋顶瓦片至少有
10 种颜色"[34]。另外，对于墙上的各种加建洞口，采用精细的外墙修复技术重新
封闭；对于各种外露砖面缺失和破损，大者替换、小者以油灰填补，更小的则被
保留下来，作为历史痕迹的见证；对于多年添加的漆层和污染痕迹，则轻度打磨
老旧表面，或是用清水和轻化学剂手工清洗，一层层剥离附着物。清洗方式也是
在深入分析和测试后决定的，试图用最低强度的方式进行，最终的效果就是呈现
出清水红砖墙本来的样子，保留其朴素的色彩、质地和纹样，以及时光赋予的历
史痕迹和参差美感。

　　相较于西弄修旧如旧、最大程度地使用原有建材的方式，建业里东弄、中弄
不再以砖作为承重结构，而仅仅作为建筑外墙的装饰。相较于"表里如一"的清
水砖墙，面砖拼砌于墙体结构之外，砌筑工艺难度大大降低，砌法模拟清水砖墙
佛兰德斯式砌法（又称梅花丁砌法），希望达到色彩、质感和纹样等方面相似的
墙体装饰效果。但是陶土砖和黏土砖的颜色本来就不一样，这是材料特性决定的，
且新面砖过于整齐划一、色彩鲜亮，带有一种"修葺一新"的统一表情。最终经
过特殊的"做旧"处理，面砖外墙才显露出时间的味道。另外，外墙上的砖砌门
柱门楣、混凝土水刷石护脚、转角石、落水管及护套等细部处理，也尽量按照原
有样式恢复。

　　修复重建后的建业里传承了石库门文化精髓，保留了"马头山墙""清水红
砖""半圆拱券门洞""石库门"等经典石库门元素，也实现了融入新材料、新
技术的再创造。登上高处俯瞰建业里，这座民国里弄步入现代，同时仍然保留着
其超越时间的经典外观和朴素的气质。

纹样几何：石库门的符号密码

右：建业里的纹样图案。

纹样是一种语言，有自己的表达方式。不同纹样的背后是生产与生活方式，乃至宗教与哲学的体现。建筑上的纹样，看似一些微不足道的碎片，散落在时间的光影里，其实却含有文化信息的片段。若将它们归拢聚合起来，以不同的年代和主题，置于不同的社会历史框架内，就能从细微处关照出特定社会、历史的大空间来。从它们的造型中，可以觅得相连的血脉，找到传承的关系。

西风东渐拉近了东西方之间的审美距离，中国传统纹样出现了转变，带有西方审美和机器美学的几何纹样，取代了传统的吉祥寓意、花卉图案，成为主流。虽然机器制作工艺算不得复杂，构图元素的创意与新材料的组合为追逐时尚的人们带来了惊喜。

装饰艺术风格源起于二十世纪黄金年代的法国，它将法式的浪漫理想和华贵制造，与机械形式和工业化带来的钢铁、玻璃等新型材料嫁接，表达现代、几何、机械之美，创造出一种令人耳目一新的艺术样式和生活形态。几乎同时，被称为"东

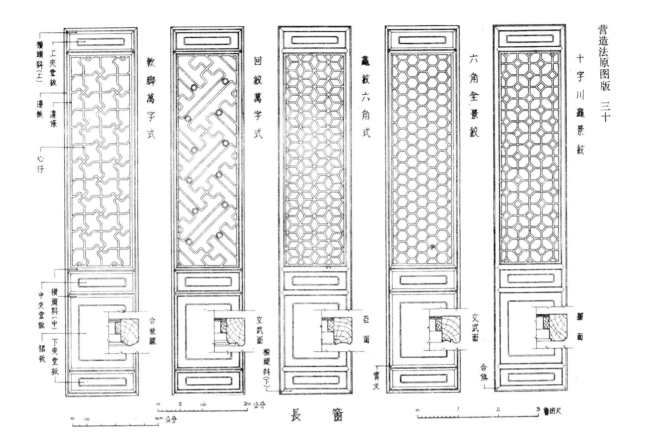

方巴黎"的上海也兴起许多装饰艺术风格建筑。在十里洋场的繁华大街、饭店影院、百货大楼、公寓别墅上，夺人眼球的摩登装饰——奢华的材料和色彩、奇异的灯光效果、商业化的艺术、几何化的造型、多样的包容性，深刻改变了这座城市的面貌。摩登装饰的背后是精英阶层对于身价与财富的炫耀性表达，以及他们对于西方文化和近代工业文明的崇拜、适应和乐观。

而在遍布城市的狭窄里弄中，建筑元素和装饰浸润着实用主义的市民文化特色，复古、折衷、新潮、廉价。在里弄中的装饰艺术风格摆脱了表象的夸张与华而不实，被更为节制而朴素的设计所取代。机械审美导向下的工业生产形式，经济廉价的局部装饰、合于使用目的的材料、基于实用性的美观、化繁为简的几何图案等，具有一种未经雕饰而切合实际的味道，十分契合里弄居民的消费水平和审美意趣，反映了繁华大都会中城市新移民的乡愁和进取、务实与创新。

建业里石库门里弄的装饰艺术风格，主要表现在讲究的"门面"上，不论是

左：中国传统建筑木纹样图案。

右：建业里客房内的纹样细节。

临街摩登阳台上的几何纹铁花栏杆，弄口过街楼上的万字纹抹灰，还是石库门大门旁纵横拼花砌筑的清水砖门柱、矩形水刷石门楣、折线形收分的清水砖山花等，都以经济廉价的建筑材料"真实"表达，以适度的几何纹样和不多的线脚率真装饰。比起明清传统"满地雕花"的具象吉祥图案，简单利落的直线条几何纹样别具一种朴素刚健、生机勃勃的风格，是一种从适用性和简洁性出发的干净的优美与雅致，可谓是华贵装饰艺术风在民间"接地气"的版本——在较低成本的前提下保持了一定的装饰内容和摩登表情。

进入二十一世纪，建业里在里弄的室内外空间中进行了大量保护与适用性改造，保留了带有乡土中国和装饰艺术风的历史风貌和装饰细节。另外，设计师借用历史资源和年代信息，以装饰艺术风格为主题，重构了相关性与真实性的设计逻辑，使石库门里弄内外成为具有历史想象空间的舞台，家具与装置也成为舞台道具的一部分。

客房的室内设计将华丽的注脚放在定制家具的金属构件与几何纹样上，于微处体现了设计的细腻和亮点，创造出别出心裁的视觉效果。在酒店客房中，一层厅堂与楼梯间的隔断，二层主卧与步入式衣帽间的移门隔断，都以短小直木条纵横搭接成六角形花纹，但并非六角全景纹，而是龟纹六角式，形似龟背纹路，又似严整对称的仪仗。每个六角形单元中，还有一道特殊的压线设计，在纹样边缘直刀深凿出明沟线条，有助于呈现手工雕刻般的细腻精美。虽然是机器加工打磨，由于工艺精细复杂，工厂一天也只能加工 8 米。

这是一个有老味道的新物件，一个玩赏实用兼具的精致之作，仿佛一件艺术

品刻画着光阴的记忆、装折出造物之美。它将中国传统符号进行几何化处理,抽象再创造,既是现代摩登的装饰艺术元素,又有中国传统文化的内涵。作为龟背部纹理抽象出的几何纹样,龟背纹在先秦时期就被广泛应用。它是龟龙麟凤中唯一的现实存在,被视作沟通天人的灵物、占卜吉凶的工具;它被赋予长寿吉祥的寓意,是"寿龟崇拜"的重要表现形式;它是《营造法式》"锁文"中的第三品,宋代建筑上的常见装折。它以六边形为骨架,通过四方连续的方式重复构成,富于韵律感的纹理组成了紧密有序的图案世界,仿佛是宇宙的微缩,蕴含天地间的玄妙道理。

对于户外公共空间中的纹样设计,设计师以石库门两旁清水砖柱的横竖拼花纹样作为母题,通过提炼加工,创造性地转化为一种"摩登"的符号,装饰在酒店各种户外家具和建筑装置的表皮上,俨然是建业里石库门的纹样"徽章"。大至内街广场上高耸的景观塔,小至石库门上的灯具小品、秘密花园中的铸铁花架围墙,都裹上了一层镂刻相同纹样的表皮。尤其是内街广场上的景观塔,取代曾经的水塔以更加现代的形态出现,粗壮挺拔的钢结构外面,披上了一件小尺度、

左：建业里客房内的纹样细节。纹样是匠人的手艺、建筑的尺度、材料的特性，是沉淀了美感的形式，也是人们亲切细腻情感的表达，唤醒着大家共同的记忆。

右：建业里建筑外立面的纹样细节。

精致细腻的"蕾丝"铁花外衣，纹样自然是建业里标志性的横竖拼花。底部无釉薄式面砖拼砌，干挂于墙体结构之外：砖面色彩呼应原有里弄外墙上的清水红砖，间有杂色；表面质感粗糙，刻意模仿手工砖的粗糙质朴；面砖砌法沿用砖柱横竖相间的拼花图案。下实上虚的材质表现增强了立面向上的延伸感，将实体的压抑感削弱至最低，并达到色彩、质感和纹样各方面相映成趣的装饰效果。再加上夜晚柔和变化的灯光效果，商业化的文化艺术活动，装饰艺术风格为石库门旅居体验打造了一种"摩登"氛围，催生人们的怀旧情绪以及对摩登艺术的感怀。

真实与舞台，历史与当下，经典与改编……建业里留给我们的不是一份博物馆遗产，而是一片丰沃的土壤，一个与历史对话的场域。即便是小小纹样也被诠释、演绎、改写，以当下的眼光推陈出新，艺术设计与工业制造的联姻让传统纹样从历史深处走出来，重新回归我们的生活空间，成为石库门旅居无处不在的点缀与背景。

4　体验建业里：游走与沉浸

Experiencing Jianyeli: To Meander Idly

"上海的旅馆业非常发达；这是有它的经济理由的。

上海的地价高，一般人所住的房子都很小，并且有几个人家合住一宅的。

所以在上海，只有那些有钱人才能在家里宴客；

普通人的宴乐饮博，总是到菜馆和到旅馆里去'开房间'的。

这里，现代的享乐工具，应有尽有；

一个每月只赚五十块钱的人，在'开房间'的一天，

他可以生活得像赚五百块钱的人一样。

摩登家具，电话，电扇，收音机，中菜部，西菜部，伺候不敢不周到的菜房，

这一天小市民在旅馆里，和百万富翁在他的私家花园里，气焰般有什么两样。"

——洪深，《大饭店》，《良友画报》第 111 期

游走·藏匿的空间

链接·衡复风貌区

游走·藏匿的空间
Wandering Through Secluded Spaces

　　建业里里弄街区的功能定位从住居转化为都市休闲旅居，独特的建筑风貌弥漫着浓厚的海派文化底蕴和弄堂生活气息，呈现出属于上海海派文化的生活美学和宜居生态。

　　游走藏匿的空间，串联起建业里全场景的精致生活，在这里访者会发现：一脉相承的人间烟火，从过去中国各地的菜肴——川粤鲁淮扬等，拓展为走向世界的美食天地——法国米其林餐厅、日本寿司店、意大利餐馆、英式酒吧等，提供更为精致堂皇的饮食体验；熟悉又陌生的衣冠门面，从过去弄堂拐角处宁波、苏州裁缝量体裁衣的手工作坊，转向更加带有仪式感的穿衣文化——英式和意大利式的男士西装定制店、欧美品牌的婚纱定制集合店等，提供更为专业细致的商品服务与支持，石库门消费场景的氛围与体验改变了幽长隐匿的弄堂花园，带来大隐于市、别有洞天的神奇感受……游走在老房子、老街道藏匿的空间与花园里，会发现这些来自世界各地、带着鲜明文化背景的美食、服饰，它们与石库门里弄发生了奇妙的碰撞与调和，融入了更具国际格局的宏阔视野、创新的设计表达和成熟的商业模式，为再生的建业里拓展出更广阔的天地、更高品质的生活，并提供了难以复刻的体验和风景。

里弄的滋味

"上海的吃食，究其底是鱼肉菜蔬，大路货，油盐酱醋，大路佐料，紧火慢火烧就，是粗作人的口味。也是因其没有根基，就比较善于融会贯通。到了近代，开放的势所必然，各路菜肴到此盛大集合，是国际嘉年会的前台。要到后台，走入各家朝了后弄的灶披间，准保是雪里蕻炒肉丝、葱烤鲫鱼、水笋烧肉，浓油赤酱的风格，是上海这城市的草根香。"

——王安忆，《寻找上海》

民以食为天。根据 1939—1940 年及 1947—1949 年的行号地图，建业里社区中与一日三餐"柴米油盐酱醋茶"相关联的商铺占比最高：曾经出现的酱园有官酱号、万康酱园、万大酱园；米号面坊杂粮铺有永兴米号、同顺祥杂粮、吴鼎新面坊、四发米号、福泰机米等；饭菜馆有老协顺菜馆、面馆、馒头店、陆稿荐，还有永源南货号、慎泰肉号、新生活豆腐店、立顺酒行、万福园/老虎灶等。在一日三餐之间，还有烟纸店提供那些解馋、补充能量、打发闲暇的零食和饮料。

左：建业里的餐厅打开了部分单元隔墙，一边向内街广场开敞，一边还保留了里弄亲切的小尺度空间，室内外在延伸中有了对应。

下：餐厅二层的休憩区与吧台。

"食色性也"，更贴切的表达是风情。在建业里从早到夜的声光色相中，最为诱人与难忘的场景多与味道相关。好吃不贵、接地气又有温度的小馆路边摊，燃起了生活的点点微光，还有活色生香的生活文化：清晨噼啪作响生煤球炉，揉捏捶打白面团使其筋韧，热灶、炊烟、忙碌的身影开启了一天锅碗瓢盆的交响；热气腾腾的早点铺，光顾的都是上班的男人、上学的孩子、买菜的主妇，从翻滚热油中捞起的油条，油滴还在嘶嘶作响，刚出炉的大饼抹了一点葱花，底部炙出焦壳，散发出馋人的香气，一副大饼油条，面香裹着油脂香，卷携着丰富的口感层次，今天想来也是馋人的，配上一碗汩汩冒泡的热豆浆，立马驱散走了早起的寒凉；到了白天，那些挑担的小贩走街串巷一路吆喝着，"薏米杏仁莲心粥，玫瑰白糖伦敦糕，虾肉馄饨面，五香茶叶蛋"，总有二三十样让居民在家门口就可

左：餐厅青砖墙前的插花。

右上：餐厅一角。

右下：法式餐厅与美食的艺术。

以买到的形形色色的小吃；到了晚上，吃面是夜生活的一场助兴，跑去亮灯的大饼店买碗面条，葱花在油锅中炸开的香气、热辣滚烫的口感、热络招呼的人声营造了"深夜食堂"式的熟人空间，俨然是都市中温情脉脉的小驿站；夜深人静，馄饨的叫卖声响起，女主人穿着真丝睡衣将两只长筒袜系在一起，从二楼窗口吊下一个装着钱和碗的竹篮，没几分钟一碗热气腾腾的馄饨就出锅了，上面飘着几滴油花和几片葱花……这样温馨又有风情的画面几乎成为早期里弄每日宵夜的固定节目，是深夜中让人暖心的存在。

　　在物质相对匮乏的年代里，藏在里弄中的菜场、饭馆、酒馆和路边摊提供的是家常随意的"小菜"，与朴素的日常生活联系在一起。而在物质丰裕的当下，建业里石库门里弄通过历史建筑的保护再生、空间资源的整合再造、商业业态的

上：法式烘焙坊实景。

调整进阶，跳出了曾经被框定的逼仄的生活轨迹，在不断探索、否定、吸取和再出发中迭代更新。就连"吃"也从家常的温饱型转向饕餮的盛宴，从"后台"走向国际嘉年会的"前台"，沿街各式餐饮从经营理念到室内陈设再到风味料理皆独具特色、可圈可点。人们化身周游世界的饕客，在石库门优雅闲适的氛围中品尝来自世界各地的美食，体验异域文化的芬芳，用味蕾体验到了建业里随美食升腾而起的人间烟火。

其中，颇值得一提的是配合嘉佩乐酒店一同入驻的米其林法式餐厅 Le Comptoir de Pierre Gagnaire，这也是拥有 17 颗米其林评星的法国大厨 Pierre Gagnaire 在中国开设的首家餐厅。餐厅位于中弄二排的二楼，内设 70 个座位，为美食爱好者呈现包括一日三餐和下午茶在内、从早到晚不间断的招牌法式飨宴。餐厅另外还配套有 50 个席位的酒吧 Le Bar 及一间位于中弄一排一层的烘焙坊 La

Boulangerie et Patisserie。

作为嘉佩乐的合作餐厅，其室内设计由嘉佩乐御用设计师 Jaya 一并承担。设计保留了原有的建筑结构和空间特色，将 6 个独立的单开间单元打通，整合为通长的大空间。明露的木质坡顶屋架致敬原有坡顶，屋顶下方是隔而不断的片墙——对应原有单元，形成大空间中的小隔间。另一边是原状复制的玻璃格子门，门外阳台的铁花栏杆亦全部保留。天气好的时候，二楼面向内街的一排窗户全部打开，不仅可以将石库门的景色尽收眼底，还带出了法国街头餐厅的浪漫氛围。一脉相承的建筑元素与纹样肌理，与重新整合的空间和当代设计相映成趣，衬托出了历史建筑的原始品质和精致细节。原本互不相融甚至排斥的元素巧妙穿插在一起，兼顾了历史保护与商业开发，同时生长出超越里弄的国际范，复古又时髦，素朴又华美。

而在这里，"好吃"更是带上了法式的优雅质感和艺术想象力。从前菜到甜品都极富匠心，精美摆盘亦是其标识名片之一，此外还有分子料理带来的新技术和奇思妙想，加上讲究的用餐环境、礼仪、服务、餐具、食材、配酒，让用餐成为一种主观的、立体的、全方位的感官体验，一场赏心悦目的文化沙龙体验。不过 Le Comptoir de Pierre Gagnaire 带来的惊喜并非仅限于此。传统的法国菜历史悠久，也遵循一定的传统和食谱，但是建业里的法餐却在不断尝试搭配中国本土食材，打造更具融合性和创新性的菜色。"We can reflect seasonality through French feeling, French presentation, but using local ingredients.（我们需对季节性予以回应，通过法式的意境和摆盘，但是配合以本土的食材）"执行主厨 Romain Chapel 如此说道。因此，在用餐的过程中，人们可能会惊讶地发现绍兴酒、四川辣椒、云南牛肝菌，甚至中国食客再熟悉不过的小龙虾，都被运用在了菜品里。"我很惊讶于中国食客的开放性和包容度，也让我有勇气去尝试更多地运用本地食材的菜色。"由此可见，上海"海纳百川"的特性名不虚传。

即便你对于法式大餐望而却步，也可以去餐厅入口隔壁的烘焙坊 La Boulangerie et Patisserie 小坐片刻，或聊天，或发呆，精致轻松的氛围绝不会让人觉得约束。这里有新鲜烘焙的法式面包，有外形精致、散发出撩人诱惑的法式甜点，有与梧桐街道若即若离的氛围，还有一种非日常的、具有文化符号象征的姿态和品味。

美食让我们的生命更丰富、更幸福。一场美妙的旅行，吃绝不只是为了果腹，更是一场味蕾的探索。通过舌尖感受当地的风土人情，美味会转化为独一无二的情感记忆，因此饮食在地文化体验中是十分重要的一环。美食还附带社交属性，人们倾向于在餐桌上谈天说地、增进情感。建业里把美食开发成旅居空间延

左：叁宅酒吧二层和一层地坪
图案。

右：叁宅酒吧空间，给人更多时
代的留痕之感。

展的据点，蕴含着一脉相承的石库门生活趣味。正如法餐厅主厨 Gagnaire 所言：
"真正的邻里关系来自日常互动的积累。当我们与身边的人分享美好的故事与欢
笑，并一同共享美食的时候，就创造了愉悦的生活点滴。我们打造 Le Comptoir
de Pierre Gagnaire 的初衷，也正是想为宾客提供一个拉近距离、彼此亲密的场合，
在优雅闲适的氛围之中，带来简单、挚诚、高雅的用餐体验。"

衣装的门面

上：GENTSPACE 服饰店内景。

右上：打开的里弄空间、裸露的木屋架增添了时尚的氛围。

右下：空间关系概念图。

衣食住行，中国人习惯于将"衣"排在第一位，位列"食"之前。在物质匮乏的古代，"人以衣分"——"衣冠"是所有象征符号中最传统的一种，古人衣冠的材质、颜色、款式乃至纹样都分三六九等，以彰显身份、地位、财富。过去对于大多数人而言，穿新衣换新鞋和吃大鱼大肉一样，是过年才有的奢侈享受。进入现代社会，随着工业化程度的提升，服装成为大众时尚的一部分。飞速发展的消费重新定义了我们的生活与渴望，在公众场合得体时尚的穿着成为都市流行文化的一部分。

费孝通曾说过，"现代社会是个陌生人组成的社会，各人不知道各人的底细。"匿名性、流动性和人们彼此之间的相互疏离，让陌生人之间的交往需要鉴貌辨色。近代上海大众对于衣装尤其敏感势利，甚至"只认衣衫不认人"，因而居住社区中与"衣衫""体面"相关的商品和服务营生，在数量上仅次于"食"。石库门里的住客即便身居斗室，"一条洋服裤子却每晚必须压在枕头下，使两面裤腿上

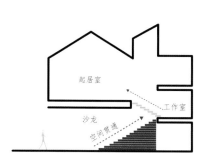

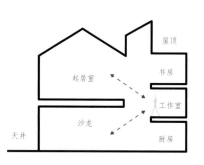

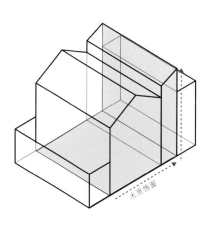

左：店铺的楼梯演变为展示台。

右：建筑剖透视图。

的折痕天天有棱角。"[9] 以建业里为例，东弄、中弄沿街有华侨洗染公司、安迪生洗染、成衣店，弄内有云裳成衣、周金记成衣、滕金记成衣、华峰袜厂、华东发记洗衣作、石明记洗衣作，还有一家生产人造丝袜的纺织小作坊——作坊里的男女工人日夜都在赶工，机器的噪声还常常引来邻居的抱怨。还有几家裁缝铺藏身弄口或内里，通常是一个师傅带着 1~2 个徒弟，或夫妻老婆店。

二十世纪二三十年代，被誉为东方巴黎的上海引领了全中国的时尚潮流。而"上海'时尚之都'的服装革新不仅仅归功于繁华大街著名时装店的专业设计师，还归功于坐落在偏僻小弄堂里众多小店的裁缝和普通家庭的业余裁缝。"[9] 对大多数人而言，百货大楼、时装商店衣架上的成衣过于昂贵，大部分上海人身上穿的不是家庭主妇的手工缝制，就是弄堂拐角处宁波、苏州裁缝的订做。尤其是西式男装和外套必得由专业裁缝量身裁剪。而弄堂主妇们也乐于结伴逛各种各样的布店，耐心比较各种布料令人眼花缭乱的颜色、图案、质地和价格；她们购买《良友》等时尚画报，揣摩电影戏剧中的服装样式；她们和里弄裁缝一起在衣服各处进行着小而精致的改进，还要精心挑选帽子、鞋子、围巾、手套及其他配饰，以

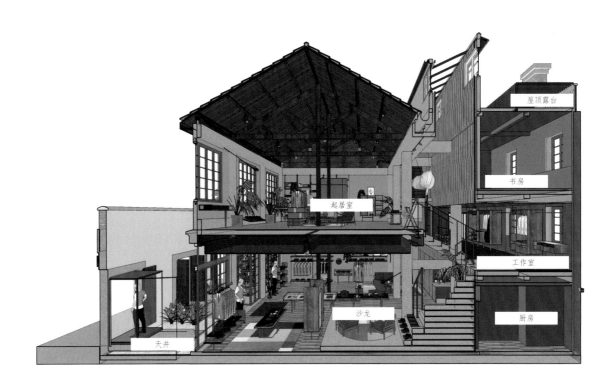

负担得起的花费穿出耳目一新的感觉。

　　如今的建业里，各类洗染公司、制衣厂、裁缝铺都不见了踪影，但是"量体裁衣"的元素仍通过穿衣文化留存在现有的店铺中，将旧时手工作坊的精工细作应用到市场化的成衣系列中。相较于更倾向于通过空间特质展示自身菜系特色的餐饮店，建业里几家男装店的室内空间更多地关注整体的设计感和私密性。一方面，男性消费者很多时候希望有一个相对独立、隐私的消费空间，不喜欢有熙熙攘攘的人去看他试衣服；另一方面，不比变化更多样的女装，男装除了工艺、面料、版型的比较，其实没有太多其他设计，所以可能需要一些更具氛围感的空间、道具来体现服装自身的设计感。

　　以 GENTSPACE 为例，其店铺设计遵从了里弄房屋原有的分设一层、一层半（亭子间）、二层和顶楼的格局，着重强调"家"的体验感，并在家具等细节上融合了二十世纪中叶的欧洲元素。客人从正门穿过前庭，首先来到的会是位于一楼的"沙龙（salon）"空间，对应家中的迎宾待客区域；一楼后方则是"厨房（kitchen）"，设置有试衣间、洗手间、收银台、小仓库和吧台等与店铺运营相关的实用性功能

空间。为了突出其厨房的意向概念，更特别于显眼处设置了一个洗手池；一层半的亭子间作为"工作室（atelier）"，主要摆放店内所售卖的正装，因为涉及一些量体、改衣的服务，所以和空间分区也能够对应起来；二层的整个空间为"起居室（living room）"，除了服装的展示与售卖，这里也增设了投影仪，进而可以作为一个公共空间用于举办交流活动；越过中庭空间，与"起居室"相对的是名为"书房（study）"的空间，用作店铺的办公室；另外在举办活动的时候，客人可以在顶楼的露台上聊天，平时客人也会被邀请上顶楼感受俯瞰整体建业里石库门的风貌。

GENTSPACE 整体设计由 AIM 建筑事务所操刀设计，主创设计师在谈到设计概念时，特别提到"舒适与社区感"是贯穿于整个设计思路的核心，由此突出品牌背后所倡导的生活方式，而绝非单纯的销售空间。"VMD (Visual Merchandising) wasn't our scope.（'视觉营销'从不是我们的初衷）。"这一点也被反映在了具体的设计细节之中。例如，空间设计上，为了缓解里弄房屋逼仄空间带来的压抑感，一些非承重墙在经过允许的前提下进行了拆除，从而更好地营造了空间整体流动感；连通上下层的楼梯被重新设计，致敬了卡洛·斯卡帕的石阶将整个空间贯通起来，引导客人自上而下进行参观选购；内装上，整个店铺使

左上：SUPERMODELFIT 健身房保留着原来里弄建筑的三角形屋架特色，与整体白色墙体的对比，营造出清新、简洁、自然、健康的气息。

左下：三角形屋架细部。

右上：健身房内部实景。

用了大面积延伸的拼花木质地板，家具也多选用带有金属勾边的木质家具，既突出了二三十年代的复古调性，也柔化了整个空间，营造出舒适、温润的感觉——当然这也是与品牌自身的调性相呼应的。

建业里的店铺也并非只有男装，西弄还有一家婚纱品牌集合店 NORA RÊVE，经营各大国际品牌的婚纱定制服务。其空间也未作大调整，整体色调以白色为主，保留了木质屋架，并最大程度地引入了自然光线。前庭里摆放有婚纱的橱窗为街道平添了一份浪漫气息，成为不少人拍照打卡的地点；而待嫁的新娘在这样的空间里试穿礼服、为人生中很重要的高光时刻之一做准备的过程，想必也会成为难忘的回忆。店铺负责人在谈到上海的穿衣文化时，也感叹到上海顾客对于"定制"有着超越于其他城市的接受度，似乎早已潜移默化，而且年轻一代的消费观越来越偏向于高品质且舒适的"量身定制"产品。

今天，服饰更多是一种自我表达的方式。建业里重构的衣装店铺小而美，蕴含着一脉相承的素雅与经典，用心为客户营造了一种怀旧场景、一种"浸入式"体验，还有个性化的专业服务，在社区家园的氛围中给客户提供真正需要的东西。它们既是对千篇一律、大批量生产的品牌制式的逆动，也满足了那些在意细节和美感、追求差别化和个性表达的新生代消费群体的需求。

幽长的花园

　　从建国西路热闹的城市街道，经弄口过街楼进入南北向主弄，再从马头墙下的过街楼转入联排房屋之间的东西向支弄，就来到与主弄区隔明显的支弄。支弄是里弄中较为隐匿的公共空间。在多户共居、空间逼仄的石库门里弄中，前后排房子之间的狭弄空地被居民拓展为实用的"社交客堂""公共后厨""后弄杂院"，各种活动在这里交织、渗透，串联起里弄居民真实的日常生活：上午阳光正好，老人们坐在这里边"孵太阳"边唠家常；主妇们则聚在阴头里一边做家务，一边传递家长里短的小道消息；下午放学后，孩子们会在这里捉迷藏、打弹子、滚铁圈、拍卡片；夏夜则是"沙龙时光"，人们搬出躺椅板凳，在这里乘凉聊天"嘎讪胡"，或是打扑克、下象棋、搓麻将，吸引一圈旁观者……狭弄中每时每刻都进行着各种活动，伴随着煤球炉的缭绕烟火、外置水斗的哗哗水流、百家饭的香气扑鼻、喋喋不休的家长里短，一年四季都是有声有色有味道。鲜活的市井烟火，伴随了几代人的成长岁月和情感记忆。

　　经过近十年的保护与再生，建业里从"经济、实用"的市井生活之地，跃升为文化旅居消费的石库门酒店，这也是建业里建成 70 多年以来发生的最为重大的转变。升级化的商业改造，使里弄的使用者和功能以及空间的使用方式都发生了根本性改变。这里不再是日常化和生活化的建成环境，里弄所承载的社会关系和人际情感也被抹去。但是，里弄空间的实体结构并未有大的变化，其间保留下的众多可识别的历史空间和风貌，为酒店增添了历史感和文化色彩，也提升了酒店的商业价值。随着曾经弥漫在这里的市井与拥挤消失遁形，花木、水石、光影、花香、沙龙、派对转而成为这里的日常。

　　花园之于石库门里弄曾是遥不可及的奢侈。从明清宅园到民国里弄，现代人的居住用地急剧压缩，石库门里弄纵横交织的主弄支弄，空间绵密紧凑，严丝合缝得不留余地，居民们只能在天井晒台窗台或其他犄角旮旯处种些盆景或攀援植

物。植物四季轮回生生不息，不仅满足了人们亘古不变的对自然的渴望，也点亮
了里弄的日常生活。它们还是一种标识和记忆，界定了里弄的空间特征和时间。
如今，嵌入石库门公共空间中小而美的里弄花园，蕴涵了丰富的层次与变化——
面向内街的一角阳台被打造为环绕广场的缤纷花境，犄角旮旯的围墙隙地被打造
为别有洞天的"秘密花园"，临时展陈又为花园增添了艺术魅力，还有各种礼俗
派对、清供雅集、文化沙龙等别出心裁的活动和不断更新的场景。

　　其中，脱胎于建业里边弄的"秘密花园"，独立隔断后成为一方净土，远离
出入口，隔绝了烦杂喧嚣，迈步深入便可在幽长的空间中收获平和宁静。秘密花
园分为两部分。第一部分位于西弄第一二排建筑之间的夹角支弄，是一片由窄而
宽的楔形空地，长约 45 米。行走期间，先是一段高墙之间的幽深窄弄，接着铺
展的草坪渐趋开朗。一边，第一排建筑背面的花架隔断之上，爬墙的蔷薇花、地

左上：花园悠长而宁静，伴着鸟语花香、水声潺潺，是停留的好地方。

左下：举办活动时的花园。

右：L形花园的折转处。

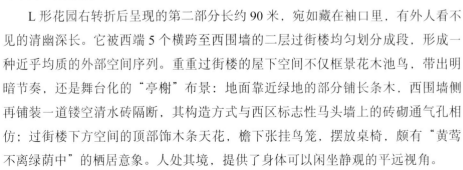

景小黄菊静悄悄地绽放，将西区第一排临街店铺区隔在外，也将城市街道的喧嚣热闹屏蔽了。另一边，11组黑漆石库木门与清水红砖墙黑红相间，谱写出节奏和韵律。尽端正对西围墙，原汁原味保留下来的清水红砖墙，原始而朴素。围墙上，一扇通向隔壁懿园的边门，采用相同的"石库门"形制，虽然是关闭状态，却关不住邻家风景——一棵古木高大挺拔，开枝散叶、撑起浓荫的树冠越墙而过，这一"巧于因借"的对景为平凡的草地花园增添几分高贵的仪式感，同时也预示了邻家的"别有洞天"。

L形花园右转折后呈现的第二部分长约90米，宛如藏在袖口里，有外人看不见的清幽深长。它被西端5个横跨至西围墙的二层过街楼均匀划分成段，形成一种近乎均质的外部空间序列。重重过街楼的屋下空间不仅框景花木池鸟，带出明暗节奏，还是舞台化的"亭榭"布景：地面靠近绿地的部分铺长条木，西围墙侧再铺装一道镂空清水砖隔断，其构造方式与西区标志性马头墙上的砖砌通气孔相仿；过街楼下方空间的顶部饰木条天花，檐下张挂鸟笼，摆放桌椅，颇有"黄莺不离绿荫中"的栖居意象。人处其境，提供了身体可以闲坐静观的平远视角。

上：从里弄二层窗口低头看，花园是另一番细腻生动景象，枫叶洒落在花岗岩小石铺筑的路径上，红砖墙绿篱营造出幽居的环境。

　　重重过街楼之间，曾经的弹格路被一条笔直的由花岗岩方石（100毫米×100毫米）铺就的小径取代，铺展在黑卵石铺地中。早年的旧水井也消失了，取而代之的是一个长方形、黑石铺底的喷水泉池。"泉"是可循环水系，接续了场所的"水脉"。长长的清水砖西围墙被精心保留下来，原材料、原样式、原工艺修旧如故，泛黑的红瓦压顶与过街楼顶精心保留的马头墙叠落上下俯仰。这里的场景变换并非无中生有，新老构成元素如矿页岩般层层叠合，又像山谷回声般有呼有应，气脉相通。

　　狭弄隙地中的线性花园很浅，既没有西式花园在"体积与安排"上的讲究，也没有江南古典园林叠山理水的"城市山林"意象，却呈现出"淡语皆有味，浅语皆有致"的自然意趣。花园中各处点缀着易于生长、便于打理的小乔灌木，草花藤本萦绕不断，在里弄边角隙地中开枝散叶，营造了绿意盎然的生态环境和亲切乐生的一方天地。行走在这片边缘领地中，人们可以细致地感受周围的事物：侧耳倾听各种声音——水石喷泉浅吟低唱汩汩不歇，檐下之风嘤嘤唱和，小鸟鸣虫尖锐的唧啾声从隐秘的位置传来；低头近观各种小而微的片段——青枫舒展身姿轻盈而动，爬山虎孜孜不倦蔓延铺展，小黄菊绚丽又朴素点缀草丛间，加上光影变幻嬉戏,虫子在方寸之间忙忙碌碌,那种静谧与动态的交织,隐含着生生不息、循环再生的自然节奏。

里弄花园要求不占地、少占空间,又要有自然的效果,所以"因借"成为重要设计手段。建业里的秘密花园以西围墙为背景墙,铺展自然的图景,将四季变化、光影雨雪投射在这片红墙上。而一墙之隔的"邻家风景",也为新生的秘密花园增添了岁月的丰富质感:花园洋房的白墙上竹枝疏影横扫,"舞文弄墨"点染水墨意境;红瓦压顶的砖红围墙上,一丛芭蕉浓翠欲滴,沙沙作响;一树白鹃梅丛绿点雪,结伴广玉兰的油亮厚叶扑面而来;隔壁家的爬山虎更是劳师动众翻墙而过,攀上封火马头墙,悬挂过街楼,侵入晒台栏杆,绿油油的叶片拽拉扯挂四处蔓延……它们引领着我们的视线飞檐走壁、上下游走,不经意间打造了"树在自家院、花落隔壁家"的自然意趣。

多方向的视野阅读在这里亦是可行的。沿着花岗岩小径行走其间是浑然一体的融入,在各条支弄中抽离侧看可见"分段布景",过街楼高处则是间离之后的俯瞰,各有不同的视野与风景。站在入口过街楼上俯瞰下方,映入眼帘的是萦绕不断的绿植,在春日阳光的照射下,凌霄花铺展出满满的生命力,如大水漫灌般覆盖了石库门的小天井;站在西界墙过街楼上俯瞰秘密花园,阳光射破了屋里的暗哑,穿堂风搅动了室内沉闷的空气,鸟语衬托着里弄的寂静,这整幅的花园风景便由此被镶嵌在了窗子里。

链接·衡复风貌区
Connection·Hengshan Road-Fuxing Road Historical and Cultural Area

右：衡复风貌保护街区示意图。

上海衡山路—复兴路历史文化风貌区简称"衡复风貌区"是上海城市极其重要的都市空间。相比富丽堂皇、体量庞大的外滩与南京路商业街给人带来的距离感，这里纵横的梧桐林荫街道、街头巷尾鳞次栉比的小店让人感到亲近。在此可以或步行或骑车，自由地穿梭、漫步与探索。幽静的小街，每每转过街角便会看到不同的风景。"古着"的花园洋房、里弄公寓大多是一种经过转译、精细营造的"西式建筑"，忠实记录下这片街区100多年的演化历程，上海的包容、精致与理想生活跃然眼前。

衡复风貌区以风貌特色为引领进行了整体保护，点、线、面联动呼应："点"上保护有风貌价值的历史建筑，加大历史建筑的修缮力度；"线"上传承高品质生活的街道环境，推进风貌保护道路的业态调整、风貌整治和景观提升；"面"上塑造有温度的特色街区，结合小区综合整治和保护置换工作，推进整体街坊风貌保护。由点及线再及面联动呼应的系统保护、有机更新，让这里的建筑可阅读、街区可漫步，让这里有看不完的展览展示、逛不完的人气小店、住不够的酒店民宿。名人故居纷纷修复开放，名家荟萃的文化活动精彩纷呈，海派文化的魅力在"永

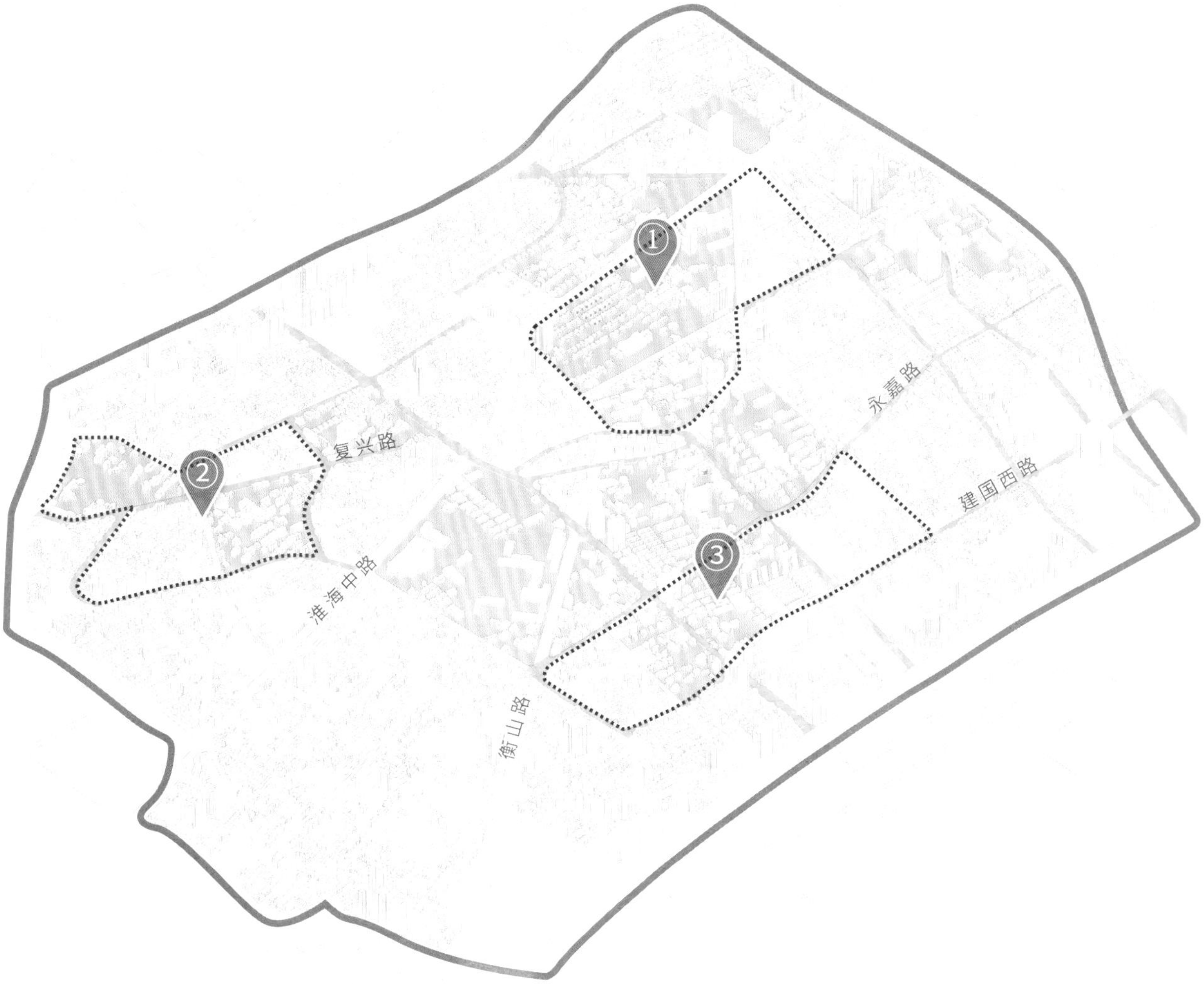

① 汾阳路—复兴中路音乐文化街区

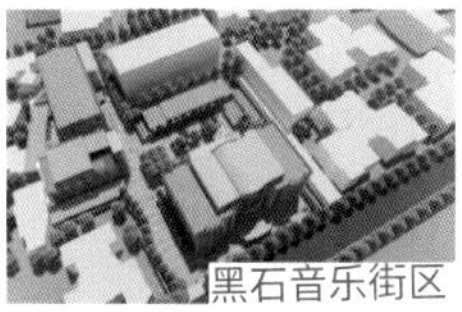
黑石音乐街区

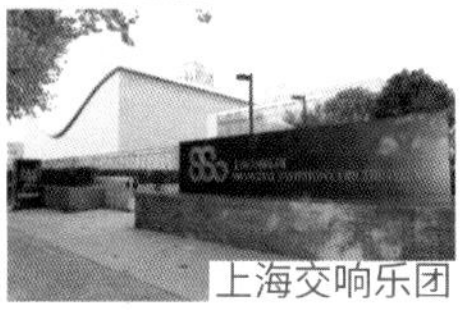
上海交响乐团

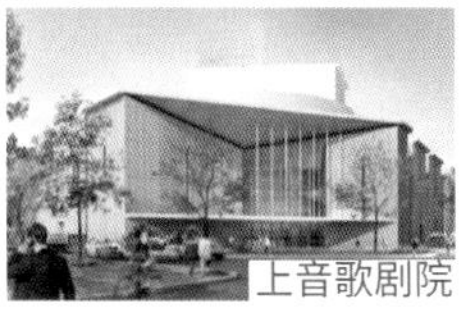
上音歌剧院

② 武康路—复兴西路历史文化街区

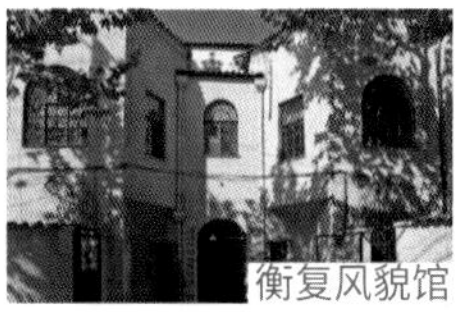
衡复风貌馆

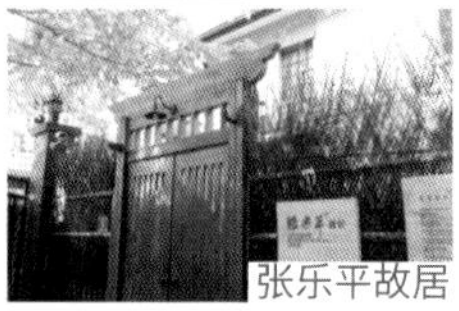
张乐平故居

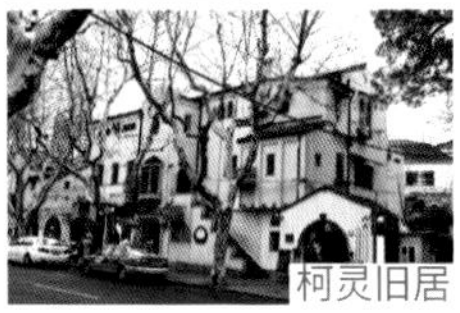
柯灵旧居

③ 岳阳路—建国西路慢生活街区

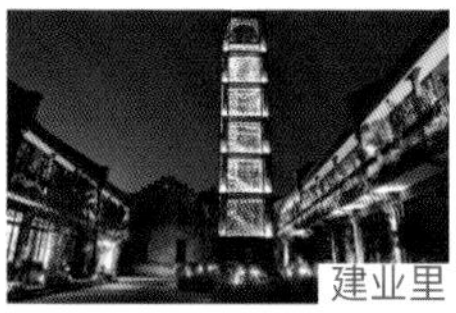
建业里

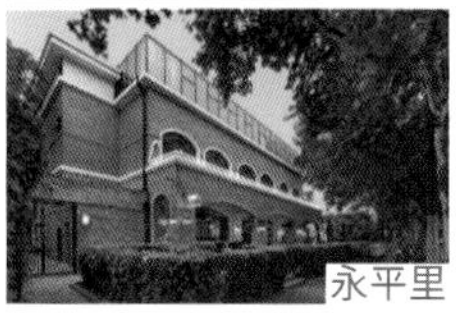
永平里

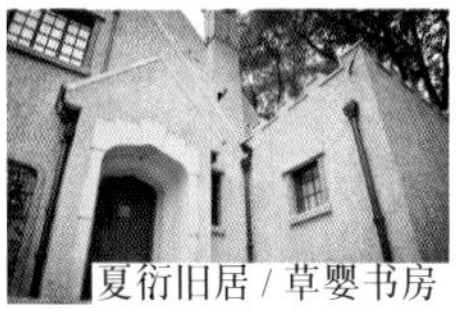
夏衍旧居 / 草婴书房

上：衡复风貌区鸟瞰。

右：黑石音乐街区。

不拓宽的街道"中低调绽放，在历史风貌区的老宅新尚中，变得灵动而多彩。

衡复风貌区打造了一座座城市客厅。许多老房子相继被改造，植入新的功能空间——咖啡厅、酒吧、工作室、书店、画廊、图书室、展厅、故居等。它们从私人的封闭空间变身开放的城市客厅，打造专属的空间气质，为各类文化活动和入驻商户提供场所，并与外部的城市环境产生互动链接。风貌区中一家家城市客厅相继落地，呈现出上海都市生活的精髓所在——闹中取静的精致，小而美的社区氛围，百花齐放的内容生态。齐聚真实生活、历史文化与设计科技要素的生动场景，在无形中拉近了人与人、人与历史建筑的关系，让城市客厅真正走进市民日常的休闲体验。

衡复风貌区的保护是一个动态的过程。城市作为生命体，如同自然界的新陈代谢，循环往复，不断孕育新的动能与力量，推进城市与时俱进向前发展。城市风貌区的存在需要经受时间的考验，不断调整、修正与完善，在空间结构、街区风貌上和而不同、丰富多彩，在商业功能与业态上互相补充、良性互动，在经营者的理念方法与消费者的认同上找到触发点，形成和谐共生、可持续发展的生态圈。

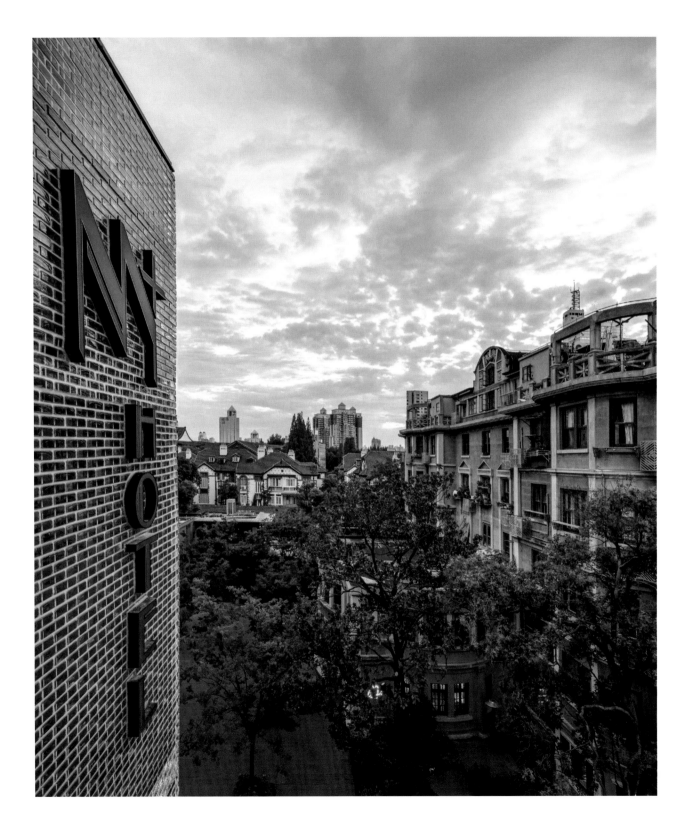

衡复文艺之旅

左：衡复风貌保护街区鸟瞰。

右：黑石公寓入口。

　　建业里只是上海历史风貌万象中的一幕，而其身处的徐汇区，恰是上海中西文化相遇最早的地方之一。道路两旁遮天蔽日的法国梧桐树、5 000 多栋不同时期与风格的老房子、彼时名人墨客留下的轶事与足迹……都赋予了这片街区浓浓的旧时风情和文化气息。

　　2000 年前后，上海启动了第二轮的旧城改造。为了规避大规模、高强度开发对原有城市特色的潜在损害，2003 年上海市划定了 12 片历史文化风貌区，并制定了一系列保护条例。这 12 片风貌区除了外滩、人民广场、老城厢、南京西路、愚园路等耳熟能详的地标，还包括衡复风貌区——它是所有风貌区中面积最大的一个，占地 7.75 平方公里，横跨徐汇、卢湾、静安、长宁四个行政区（后上海市行政区划定有所调整，2011 年卢湾与黄浦合并为新的黄浦区）。

　　衡复风貌区中，隶属徐汇区的面积约 4.3 平方公里，区内有优秀历史建筑 231 处，文物保护单位 251 处；上海 64 条永不拓宽的马路中，有 31 条在此范

复兴中路 1331 号 "黑石公寓"，又名 "花旗公寓"，建于 1924 年，占地面积 7380 平方米，建筑面积 4977 平方米，为带有折衷主义风格的钢筋混凝土结构五层公寓住宅。2005 年公布为第四批上海市优秀近代建筑，市级建筑保护单位。黑石公寓的创始人是美国传教士 James Harry Blackstone，汉名宋合理，"黑石" 便是以其名字命名，号称当时 "最豪华的公寓"。

建筑沿街主立面左右对称，底层建有超大门廊，由简化的科林斯双柱支撑，并带有丰富的古典主义装饰。门廊顶部构成一个大露台，外形由三段弧线形构成。立面中部墙体采用弧线形，加之屋顶中部弧形山墙及装饰，显示出巴洛克特征。熊希龄与毛彦文新婚蜜月时曾在此居住，著名历史学家周予同也曾长期寓居于此。

2017 年，"黑石公寓" 的外立面及总体综合改造计划 "黑石音乐街区" 正式启动。改造后的黑石公寓，命名为 "黑石 M+"。项目秉承 "生活中的音乐家" 的理念，以黑石公寓为核心，构建一个高度融合的音乐主题社区，承载音乐家理想和生活，带来音乐书店、音乐咖啡厅、音乐酒店等多种业态，实现音乐艺术生态共荣。

2020 年伊始，黑石公寓正式向市民揭开了神秘面纱，变身成为综合性的音乐主题项目，融入整个音乐街区中。

上：草婴书房内景。

右：夏衍旧居内景与建筑外观。

围内 [35]——该区域的历史底蕴与文化意义可见一斑。

近几年来，随着历史保护理念的深入，多项修复与更新工作在衡复风貌区内陆续展开。几十余栋花园洋房在经过"修旧如旧"的保护性开发之后，陆续被打造成文化展示、品牌总部、酒店公寓、商业休闲等对公众开放的资源。建业里项目自身的时代性和标志性自然是夺目的，但它永远不会是一个封存的博物馆或一处一站式的打卡地点。它就像一扇窗，为我们打开了窥见这片文艺街区的可能性。

以建业里为中心的这一片社区是"慢生活"的典型。岳阳路和建国西路的街道都不曾扩宽过，洋洋洒洒的梧桐亦是民国时期便栽下的。一位曾住在附近的老太太曾如此回忆二十世纪八十年代的岳阳路："马路上没有人，即便有人，说话也都轻声轻气……只有建业里东弄附近热闹点，有水果店、五金店、药房和卖锅碗调盆的店……和家里人想吃小吃，只好骑车去南边的枫林路或者隔壁襄阳路，如果不会骑车就惨咯。"今天，这里的业态要丰富了一些，再往北去的永嘉路与衡山路交界处就是"永平里"，一处由老式洋房改造成的商业园区。但除此以外，至今这一区也没有过度的商业开发，所以不管何时都是文文静静的样貌，颇适合闲庭漫步。

如果从建业里往东北方向，顺着岳阳路—汾阳路走，便会来到一处充满音乐气息的区域，大大小小的琴行沿街而设。这其中，有两处地标性的音乐建筑——遥相对望的上海交响乐团音乐厅与上海音乐学院的上音歌剧院。这两处建筑都由世界顶级的事务所设计打造，雕塑般的外形之下，也充分满足了人们欣赏传统交响乐、歌剧、音乐剧等不同聆听体验的需求。而如果从建业里往西北方向走，围绕上海图书馆的便是名人故居最密集的区域之一，张乐平故居、柯灵故居、丁香花园、巴金故居、宋庆龄故居……旧日的时光仿若触手可及。如若想要了解风貌区整体的历史，还可以去衡复风貌馆；如果有心体验新旧创意碰撞的风情，武康庭、衡山路步行街也都在附近；即便没有具体计划，随意在街道上漫步，也能时不时撞见某家网红美食店、酒吧或者时装店。风貌区就像一个万花筒，每个人都会在这里体验到不同的风景，也只有置身其中、亲身体验过，用自己的脚印一步一步丈量过，才能真正了解其魅力。

平行空间的阅读

　　说到衡复风貌区，就不能不提它浓厚的文艺气息。众所周知，海纳百川的上海，先后吸引了诸多在中国近现代历史上留下浓墨重彩的文人在此居住，石库门（甚至只是亭子间）、公寓、花园洋房都有他们的身影，其中也不乏在衡复风貌区内落脚的。如今，很多处彼时的故居已被修缮保存，改造为展览馆并对公众开放。

　　武康路 113 号是一处西式独立花园别墅住宅，有一栋主楼、两栋辅楼，后面还有一个花园。1955 年，经时任市长陈毅特批，著名作家、翻译家巴金先生一家迁居至此。在这里居住生活达半个世纪的时光里，巴金先生完成了《随想录》《团圆》《创作回忆录》《往事与随想》等随笔与小说。如今，故居大部分陈设仍保持着原样。一楼是客厅和餐厅——也是在这间客厅里，巴金先生接待了很多文化名人，包括夏衍、沈从文、曹禺、柯灵、王西彦、唐弢，还有法国文豪萨特、波伏瓦等；客厅边上是阳光充足的敞廊，在装上门窗后成为了巴金晚年写作会客的地方；二楼是书房和卧室；三楼是阁楼。巴金故居里，令人印象最深的就是书多，不光是

上：上海永福路鸟瞰修道院公寓，
现为衡复风貌馆。

衡复风貌馆（原名修道院公寓）位于复兴西路 62 号，建于 1930 年，总建筑面积约 900 平方米。建筑外观和室内装修均为西班牙风格。该建筑原为英国商人密丰绒线厂主的住宅，后为湖南路街道办事处。1989 年被公布为上海市文物保护单位，也是上海市第一批优秀历史建筑。

修道院公寓地处衡复历史文化风貌区核心地位，毗邻武康路历史文化名街。街区在梧桐群荫深处，历史蕴含深厚，映射出上海别样的文化历史，是宝贵的文化遗产，为修道院公寓提供了独特的区位优势。

为留住城市的记忆，延续海派文脉，让更多的社会公众能走进风貌区内的优秀历史建筑，了解本土文化和历史，徐汇区政府启动了"修道院公寓"——衡复风貌馆的策展和布展工作。

作为衡复风貌区优秀历史文化的综合文化展陈空间，它以衡复区域百年间的社会环境、时代特点为背景，以历史上衡复区域的历史沿革、社会变迁、名人活动为素材，与周边名人故居、历史建筑联通互动，缀点成线，成为风貌区内崭新一景。

书房的书柜里，客厅、阁楼、走廊，但凡位置适合的地方，都是铺满整面墙的书架、书柜。巴金故居馆长、巴金的女儿李小林曾介绍说："以前巴老在世时，只要有块立脚的地方，就有书堆放着，已经到了没法收拾清爽的地步。"足见巴金先生对书的喜爱了。

复兴西路 147 号，是一栋西班牙风格的公寓建筑，有着红瓦顶、黄色水泥拉毛的外墙，由中国建筑设计师奚福泉设计。这里的 203 室，是中国著名的散文家、杂文家、编辑家和剧作家柯灵先生和其夫人陈国容的旧居，他们从 1951 年至 2000 年在此居住了近半个世纪。经整修，这里的一楼作为柯灵先生生平的纪念与展示馆，二楼的旧居则按原样保存着，厨房、卫生间、书房、卧室都是原来的布置，仿若还有人在此居住的样子。客厅里，几个书柜之间，放有一只装有整套《二十四史》的木柜，非常珍贵；书房里，正中间放置一张大书桌，边上两面都是书架，也是塞满了各类书籍。柯灵先生正是在此创作了大量经典作品，包括电影剧本《不夜城》《秋瑾传》和散文集《香雪海》《长相思》《煮字生涯》等。"文化大革命"时期，客厅和书房被查封，于是柯灵先生就将卧室南部的小阳台当作"书房"用于写作，放置了一张开合式的翻板小书桌，至今也仍按原样放置在旧居中。

上海五原路 288 弄 3 号，位于一条幽静小巷的尽端，是一栋近代独立式花园住宅，这里即是三毛之父——张乐平的故居。1950—1992 年共 42 年间，张乐平先生都居住在此，并创作了大量画作，种类涉及漫画、国画、年画、速写和彩墨画等。入口有一处小小的花园，幽静的一角放置了三毛的雕像；一楼设为展厅，展出张乐平先生的生平和创作；二楼则复原了其居住时的原貌——其中的小房间给子女居住，而台湾作家"三毛"两次前来拜访时也都曾住在这里。最令人印象深刻的是兼做会客厅和书房的空间，靠窗的位置摆放着一张大大的画案，这里一直维持着张乐平先生生前的原貌，作画用的小工具仍摆放在桌上。

乌鲁木齐南路 178 号有两处文化地标——夏衍旧居和草婴书房。夏衍旧居是一座建于 1932 年的英式风格的三层小洋房。作为新文化运动先驱者之一、著名戏剧家，夏衍的代表作品有话剧剧本《上海屋檐下》、电影剧本《春蚕》《祝福》《林家铺子》。1949—1955 年，夏衍曾居住于此，建筑在修缮过程中尽可能地保留了原貌，屋内的地板、木质楼梯、西式壁炉等都是原物。如今这里的一楼作为介绍夏衍生平与作品的展示馆，二楼则尽可能还原了夏衍先生居住于此的旧貌，部分家具陈设由家属捐赠；庭院里还有一棵 60 多年树龄的参天大树，是夏衍的儿子亲手种下的，也是历史的"见证者"。

隔壁一栋洋房建筑现在是草婴书房。草婴先生是我国著名的俄罗斯文学翻译

上：柯灵故居建筑外观与故居
室内。

　　柯灵故居位于复兴西路 147 号，建于 1933 年，建筑面积约 192 平方米，为西班牙式风格的公寓住宅。2016
年 2 月修缮完成对外开放。

　　1959 年至 2000 年，中国著名散文家、杂文家、编辑家和剧作家柯灵在此居住。建筑一楼布置为柯灵生平展
厅及书信展厅；二楼复原为柯灵居住时的原貌，包括卧室、书房、客厅、饭厅、厨房等；花园中矗立有柯灵胸像。
在此居住的 41 年中，柯灵笔耕于散文、杂文、小说、报告文学、电影剧本、影剧话剧理论等文学艺术领域，尤以
优美精炼的散文著称。故居展陈的柯灵先生的书信、手稿、札记、日常生活用品等遗物，完整再现了柯灵先生当
年的工作环境，反映了柯灵先生半个多世纪的生活与文学创作历程。柯灵故居开放至今，共接待国内外参观超过
20 万人次，享誉海内外。

上：草婴书房的建筑远景与陈列的部分展示品，以及建筑外的门廊。

家。1978 年至 1998 年的二十年间，他曾以一己之力翻译完成了《托尔斯泰全集》，共计 400 余万字。草婴先生有很多藏书，其中不乏众多俄文孤本。而在去世前，他一直有一个心愿，便是将自己的藏书共享出来——"留一块墓碑，不如建一个书房"。为此，徐汇区将这处空置的洋房拿出来，经由同济大学李翔宁教授设计，改造为草婴先生生平事迹的展览馆。改造后的空间不仅用于展示草婴先生收藏的众多原版书籍、手稿原件，还还原了草婴先生家中书房的场景，从书桌、沙发到书架都按原样摆放；另外，开敞的展示空间还可以用作举办各种学术沙龙和交流活动。"我们希望读者能继续阅读这些伟大作家的作品，吸取营养滋润我们自己，提高我们的情感境界。"草婴先生的女儿盛姗姗如此说道。

今天的建业里，在嘉佩乐酒店大堂区域，也特别辟出了一块休息区域，取名为"图书馆"，供人们在此休息、阅读，有时也作举办沙龙等活动之用，可以说是对衡复风貌区充盈的这种分享、阅读气息的一种回应与补充。上海的城市总体规划中，明确提出了"让建筑可阅读"的目标。通过文人故居的保留、修缮、展示，伴随着他们所留下的经典作品，建筑的阅读与文字的阅读彼此交汇，曾经的故事

草婴书房位于乌鲁木齐南路 178 号 3 号楼。"与其留墓碑，不如建书房。"这便是俄罗斯文学翻译家草婴先生的遗愿，终于在徐汇衡复风貌区得以实现。

草婴书房自 2018 年 5 月启动建筑整修、策展、布展，历经 10 个月，于 2019 年 3 月正式对外开放。草婴书房的打造充分尊重其家人的意见，通过"人道主义启蒙""中俄之桥""翻译之道"三部分主题，展示其翻译生涯的不懈追求。在草婴书房中，不仅存放他毕生收藏的书籍，复原其书房场景，展现其翻译成就；更重要的是，继承草婴先生的职业精神，建立一个交流中外思想和翻译学术的平台。草婴书房开放至今，共接待国内外参观超过 5 万人次，接待团队 270 余个，同时也是翻译家协会、俄罗斯文学爱好者的交流空间。

夏衍旧居位于乌鲁木齐南路 178 号 2 号楼，建于 1932 年，为三层砖木结构的英国风格花园住宅，是英式建筑风格与西班牙风格元素相结合。2014 年被公布为上海市文物保护单位。夏衍旧居于 2018 年 5 月启动建筑修缮，历经 10 个月的修缮、策展、布展，于 2019 年 3 月正式对外开放。

1949 年至 1955 年间，夏衍曾在此居住。这里，见证了夏衍在上海生活、工作与创作的重要轨迹。展馆总面积 450 平方米，建筑一楼为主题展陈，以"夏衍与上海"为主题，梳理夏衍在上海的足迹，以其具有"红色文化""海派文化"特质的历史事件为主线；建筑二楼以原状陈列为主，通过家属口述与时代考证，恢复夏衍居住时期的历史风貌与空间布局，再现夏衍在此居住时的生活原貌。夏衍旧居开放至今，共接待国内外参观超过 5 万人次，接待团队 270 余个，是著名的红色教育基地。

左：张乐平故居的卧室内景。

右：张乐平故居内兼作书房的客厅。

遇见新的人群，编织成新的回忆，并通过建筑这一载体延续了下去。

城市的未来由每一个当下的选择和行动建构而成。恰恰是这些选择的累积在时间轴上发挥着富有远见的作用，提供城市发展更多选择的可能性。经历了40年的快速发展，今天的上海不再执着于刷新城市高度、扩大城区面积，而是不断挖掘城市的厚度，历史风貌的保护受到普遍关注，极具人文底蕴的场所得到了保护与开发。对一幢幢优秀历史建筑的保护与再生宛若星星点灯，让这些珍贵的历史遗存重新焕发青春，让这座城市的记忆和历史成为城市生活中可触摸、可感受的一部分，而不再会消失得无影无踪。众多历史建筑的重生，最终也将带动一个社区、一个区域，乃至一座城市走向新生。

张乐平故居位于五原路 288 弄 3 号。建筑建于二十世纪三十年代，面积约 244 平方米，为假三层近代里弄式花园洋房。故居于 2016 年 2 月修缮完成，正式对外开放。

中国漫画大师、"三毛之父"张乐平于 1950 年 6 月至 1992 年 9 月在此居住。建筑一楼为展陈，分为"百年乐平""大师漫画""艺苑掇英""友人画我"四部分；二楼复原为二十世纪五六十年代张乐平居住时的原貌，其中有画室、主卧室、子女房间等；院内花园布置简朴，西南角矗立着三毛雕塑。张乐平在此居住的近半个世纪时间里，创作了大量漫画作品及年画、速写、彩墨画等脍炙人口的传世之作，培养了一批批艺术人才，推动和发展了中国的漫画艺术事业。张乐平故居开放至今，共接待国内外参观超过 20 万人次，享誉海内外。

5 建业者的"考工记"：时间的生长

A Documentation of the Builders: The Traces of Time

上海居民的构成决定了这个城市的特点。

除了老城厢居民圈外，上海称得上是个移民城市。

为了生存和发展，上海人富有适应环境的能力。

也正是这种能力，使他们能够接受西方人带来的思维和形式，

把它们吸收消化，并转化成具有中国特色的现代化。

……

她向全中国做出示范：何为洋为中用。

在这里，古老的中华文明和西方的现代文化的相撞

是以实用主义的方式来达到平衡的。

——白吉尔，《上海史：走向现代之路》

城市里弄营造

建造时机：里弄"商品房"初始

城市扩张：上海"极限"居住

建筑风貌再生

建筑保护：测绘"还原"设计

再生修复：平衡"旅居"生活

文化传承：城市"多元"创新

城市里弄营造
Recreating Lilong Within the City

建造时机：里弄"商品房"初始

　　小刀会起义之后，很多洋行看准商机，开始投身房地产业，将简易的木板房拆除，兴建二层的砖木结构 [19]，再转租出去，从中获利。西方的开发商和设计师、中国的工匠，加上本地化的住房需求，使得中西方的设计理念与建造技术互相碰撞、演化，逐渐演变成了如今公众所熟知、代表上海特色的石库门里弄，房地产业亦"逐渐成为上海最重要的产业之一和租界当局最重要的税收来源"。[18]

　　虽统称石库门里弄，为了更好地适应市场，这一住宅类型在几十年间经历过多次迭代。线性时间上，大致可以分为旧里（老式石库门）和新里（新式石库门）。命名上，上海的里弄也有讲究，分"里""坊""邨（村）""园"——叫"里"的，通常建成时间比较早，房屋内是没有卫生设施的；"坊"在空间设置上会更为宽敞，并开始出现抽水马桶等设施；到了"邨"，有的房子甚至会带有花园；而"园"，则是用来称谓更近代的居民小区。

　　不过从城市的物理维度来看，不论新里旧里，在很长一段时间都一并铺陈于

THE NEW I.S.S. APARTMENT BUILDING
1552 Avenue Joffre,
Corner Route Ferguson.

上海的城市肌理中，连绵起伏，成为绝大多数普通居民的栖身之所，筑成了这座城市广阔、平凡却极具生活气息的日常。即便中华人民共和国成立以后，很大一部分上海居民仍然密集地居住在石库门内，"七十二家房客"式的邻里生活也印刻在了几代人的记忆里，石库门由此成为近现代上海不折不扣的"城市底色"。

以此背景回看建业里，会发现其处于一个非常有趣的转折时期。首先，建业里建造于二十世纪三十年代初，由万国储蓄会投资成立的中国建业地产公司负责开发营建。万国储蓄会是法商在上海开设的一家金融机构，以"有奖储蓄"形式吸收了大量的中国民间资本，再将资金转而用于各项投资，其中自然包括投资回报率丰厚的房地产业——今天公众耳熟能详的上海老房子，包括武康大楼、淮海公寓、瑞华公寓、衡山宾馆等，都是其投资修建的项目，此外也包括众多花园洋房和里弄住宅，其中就有建业里。里弄在整体建造中追求实用至上，针对的也是更为普罗大众的普通阶层，以期在最短的时间收回投资，因此没有洋房公寓的繁复装饰，但是细究其建造的形式与材料细节，却真实反映了当时的社会状况。

开发背景上，首先外商在上海房地产行业的垄断与强势，带来了一些西方国

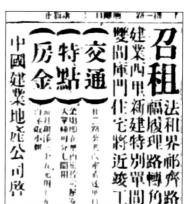

上：1930 年和 1931 年《申报》上刊登的房产租房广告。

右：上海城市中的里弄格局。

家的城市建设理念，推动了城市基础设施的建设，并在中西文化融合后形成独树一帜的风格，建业里的成排规划布局、沿街梧桐林荫道，都透露出西方文化因素的影响；其次，成片开发的石库门里弄作为中国近代早期的"商品房"，显现出强烈的商品化特征——以上海近代工业发展为基础，开发、建造甚至经营过程中贯穿了标准化、集中化、规模化、工业化等特征，使得大批量、低成本地供给住宅成为可能，这在建业里各单元的模块化复制上亦明确体现。

建造上，建业里正处于旧里和新里转换的过渡年代，所采用的砖木结构辅以混凝土的工艺，正是旧式里弄在吸收西方建造技巧后，从中国传统立帖式建筑结构改良演变后的结果；但同时，建业里的单元内并不设卫生设施，因此算不得新式里弄。正如程乃珊曾在《上海 Memory》一书中写道："但凡成为××里的，大多属最市井、最大路的弄堂。它们具备最原始、最标准的石库门房子格局，一般都无下水道、卫生设备，为上海开埠早期的民居，故而设施均不完善。"因此整体上，建业里的建造标准并不高，这也为后来的改造需求埋下了伏笔。即便如此，建业里仍然保留了一些特属于那个年代的建筑细节，反映了当时的生产技术和建

造工艺。例如，建筑大面积使用机制红砖清水墙，正是从那个时期开始普及的，在此之前大多则是以青砖为主，或青砖、红砖混用；砖砌的半圆拱券也侧面体现了当时工匠高超的建造技术——因为半圆拱券横跨两排建筑，如果两侧房屋沉降不均极容易开裂，而建业里在经过几十年的使用后，虽有修补，但是各拱券的结构仍然完好，恰恰反映了建业里整体的建造工艺具有一定水平。

最后，单元设置上，除了拐角上有少数的双开间，建业里大部分单元都为单开间布置。这直接指向了当时上海正在经历的社会结构上的变化——多代同堂的大家族共居模式开始消散，上海核心家庭成员的人数开始逐渐减少。

城市扩张：上海"极限"居住

　　万国储蓄会顺风顺水的营生做得并不算长久。一来其以"有奖储蓄"为噱头吸储的手段被诟病，1935 年 8 月还被经济学家马寅初在报纸上公开发表文章抨击；再者 1941 年太平洋战争爆发，局势动荡，期间万国储蓄会累积了不少债务，战争结束后国内的通货膨胀又加剧了其运营困难；中华人民共和国成立后的二十世纪五十年代，万国储蓄会被责令清偿债务，却早已资不抵债，业务遂被迫终结，在华全部资产被收归国有，建业里也于 1955 年 10 月 5 日由徐汇区房地局接收管理。

　　而这一时期的上海，百废待兴的中国也在经历着快速的发展。凭借较好的经济基础，上海的生产力迅速恢复；基于已有的轻工业，整座城市开始逐步增加机电、船舶、钢铁等重工业门类，向工业型城市转型，以积极支援全国的发展建设，把上海改造成为适合国家建设需要的生产城市。

　　伴随城市工业的发展，上海市的人口也在快速增加，短短十几年间人口几近翻番（1949 年，上海人口约 545 万；1953 年第一次人口普查时为 620 万；1964 年第

上：上海 2010 年城市鸟瞰，从
浦东西望外滩和城市，高层建筑
已经布满街道与城市空间。

二次人口普查时已逾 1 081 万），使住房再次成为一个巨大问题。1949—1950 年间，
上海曾对工人居住情况进行调查，显示当时劳动人民（连同家属）共约 300 万人都
居住在棚户、平房、老工房和旧式里弄中。或"室内搭阁，屋顶加层"，或"晒台、
天井搭建房间，灶房改为卧室"，可以说环境极度拥挤，生活条件也很恶劣。为了
改善居住条件，上海开始在工业区附近兴建工人新村，例如"一千零二户"和"二万
户"住宅。但是工人新村并没能彻底缓解居住紧张的状况。到了二十世纪六十年代，
随着人口的持续增长，更多的家庭被分配到石库门中居住。如，原先一栋单元只住
两户人家的石库门里弄，在六十年代以后增加到每单元 6 户；而有一些来上海打工
的学徒，十几个人"蜗居"在石库门一层四十几平米的空间中，也是常有的事情。

　　同一时期，中国各大城市，包括上海在内，实行的是国家统包、无偿分配的
住房制度，住户只需承担极低的租金即可享有居住权，这给以石库门为主的近现
代历史建筑保护埋下了隐患。一方面，政府收取的极低租金不足以覆盖房屋的养
护和管理费用，而租户因不享有产权而抗拒在房屋修缮等问题上投入大量资金，
造成大量建筑质量隐患；另一方面，石库门的建造本意就是快速的投资回收"买
卖"，其建筑强度和质量并不足以支撑高密度的居住形态，后期的拆墙加建也恶
化了建筑状况。

　　这个问题直到二十世纪八十年代改革开放以后，商品化经济的再次推行，才
告一段落。但是，面临开放型经济刺激下的新一轮城市建设要求，破败的石库门
里弄在很多人眼中早已与时代脱节，亟需更新换代。自此以后，曾经容纳了上海

一大半人口的里弄，很大一部分已在大规模旧里改造的进程中被拆除。

建业里幸运地在建设大潮中被保存了下来。整个项目占地 1.74 公顷，虽不像新式里弄配备有独立的卫生设施，但在上海也算得上是规模比较大的石库门里弄，完整体现了当时的规划理念和街道风貌。只是，建业里的存有状况并不乐观。中华人民共和国成立后，这里的人口亦开始急剧膨胀，巅峰时期曾挤进了一千多户住家，总人口数超过 3 000。简单计算一下，差不多每个单元有 4 户人家同住，最小一户的居住面积大约只有 8 平方米 [36]。人口扩张以及长期的分户群租必然导致各种改建加建，使得建筑常年超负荷使用，又缺乏维护。其中，属于二期建设的西弄从施工质量到设计细节都做了一定程度的提升，存有状况略微好些；但中弄和东弄则问题严重，几十年使用下来，内部木结构已经出现不同程度的开裂与霉烂，摇摇欲坠。居住于此的居民曾表示："建业里自 1976 年以后就没有大修过，原先的建筑质量就不高，风雨的侵蚀使得建筑老化失修，天雨屋漏，污水漫溢。"[36] 曾经以经济、集约的格局和建造方式解决了高密度人口问题的里弄，而今已然无法再跟上城市现代化的节奏，住在其中的居民对改善生活环境的渴望越来越迫切。

时间转眼到了 1999 年。随着二十一世纪临近，欣欣向荣的气息弥散开来。同年，在国际展览局第 126 次全体大会上，中国政府正式宣布申办 2010 年世博会，举办地在上海。为了迎接世博会，上海市政府提出了"新一轮旧改"计划，确认要在二十一世纪初叶完成 2 000 万平方米的上海旧里改造 [37]。计划提出"保存沪上民居特色和里弄风貌，对少量确有保留价值的建筑予以原样保留或保护性改造改建，其他建筑予以拆落地改造"[38]。此时的上海，伴随着不可逆的现代化进程，许多旧时弄堂在逐渐消失，化作记忆中的名字。相关数据显示，2000 年时还存有的 2 560 条弄堂，到了 2013 年只剩下 1 490 条。不过，与早先大拆大建的方式相比，这一时期的旧区改造革新地提出了对历史建筑进行保护的要求，很多老上海的城市肌理因此得以保留下来。建业里也因此受益——2004 年，根据市府 70 号文，建业里被列入上海首批启动的历史建筑保护整治试点项目之一。

2000 年前后，在城市发展需求与政策导向的双重推动下，上海涌现了几处比较有代表性的更新案例，如 1999 年动工、2001 年建成的新天地，1998 年由民间自下而上逐渐向文化街区转型的田子坊等都是公众比较熟知的更新案例。相比二十世纪末由政府出资、以改善居民生活条件为目标的小规模、低标准型改造，新世纪到来后的旧里改造呈现出街区化的更新趋势，并由此产生了更大的影响力。尤其是以瑞安集团主导的太平桥地区改造项目——新天地，让人们看到了以房地产开发的方式来运作历史建筑的可能性。

建筑风貌再生
Architectural Regeneration

建筑保护：测绘"还原"设计

右：建业里的测绘图纸与现场修复照片。

  2002 年，上海房屋质量检测站对建业里的房屋状况进行了在地调研。调查显示，此时的建业里范围内除了居民，还有不少单位和个体工商；建筑破坏严重，沿岳阳路一侧"破墙开店"，沿建国西路一侧的商店功能未有变化，但是石库门的门扇、门楣、天井大部分已不复存在；并且由于建造年代久远，建筑普遍存在老化损坏现象，面临低洼积水、防潮损坏严重、墙体开裂、木构件腐坏严重、结构濒临失效等问题，不合理使用、搭建混乱、修理养护不及时更是加速了房屋的损坏。最终，调研汇总成的《建国西路建业里房屋质量检测报告》将建业里的房屋完损等级定为"严重损坏"。根据《房屋完损等级评定标准》，定级为严重损坏的房屋需在进行全面大修、翻修或改建后，才能正常使用。报告最终给出建议，最好在考虑保留保护原有风格的基础上，进行较为彻底的改造。

  同一年，《上海市历史文化风貌区和优秀历史建筑保护条例》出台；2003 年，建业里开始动迁；2004 年，建业里被选作上海市成片保护改造历史文化风貌区和优秀历史建筑的试点之一。建业里的修复改造虽然被正式提上了日程，但是具体要怎么实施，改造成什么，最初并不确定。新天地固然从很多层面而言是成功的，但是其改造过程仍然引发了很多反思——首先是功能的彻底置换，原先以居住为主的里弄被改造成了商业空间；其次是片区风貌的调整，为了营造适合休闲娱乐的公共空间，选择性地拆除了部分建筑，消减了里弄原有的私密性肌理，加入了开放性广场；甚至就建筑本身，为了满足现代商业的功能需求，除了外墙予以保留，从室内格局到基础、屋顶、设备亦都重新做过[37]。

　　建业里希望可以探索一条老城区改造的全新方向——是否可以保留其初始的居住功能与风貌格局，而非全盘商业化？这一想法从策划阶段初始即根植于项目之中，团队从一开始就很坚定，就是考虑做住宅，保留原有的居住功能。

　　建业里既是历史保护建筑，又是保护改造试点之一，做任何决定都必须慎之又慎。因此，在项目启动后的 2006—2008 年，具体的改造方案也一直在不断反

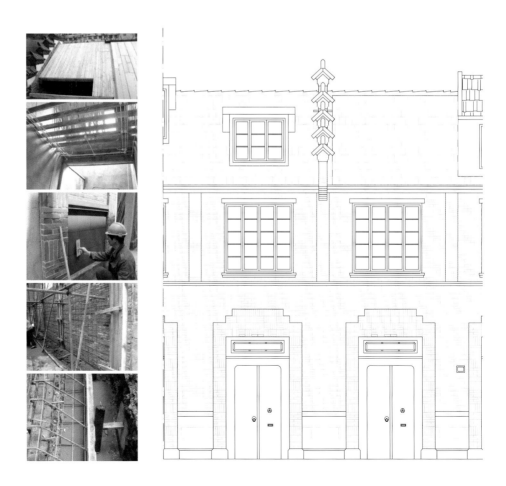

复地斟酌与专家论证。为了使保护改造工作有据可依，亦作为建业里总体规划工作前提与素材，2006 年 10 月，由历史建筑修缮专家章明先生带领其团队完成了建业里的调研测绘工作，对建业里从建筑历史沿革、人文资料、图档信息，到现场单体测绘、总平面复测，再到从外至内的细部装饰，都进行了全面、系统、科学地调研，并结合上海里弄的相关资料进行了对比与分析。

历史建筑测绘的前提是大量的史料考证。正如章明先生所说："每接手一个项目，一定要尽最大可能搜集资料；而且不能光去档案馆、图书馆翻原来的设计、施工图纸，还要去现实生活中找资料，去找当年参与建设的人，去找曾经使用过的人。老建筑起码都有几十年的历史，在这么长的时间里，它是会发生变化的，你要看得出来，哪些东西是原来有的，哪些东西是后来加上去的。"[39]

要理解建业里，首先要了解其身处的时代背景与发展脉络。因此，研究首先对旧上海住宅的类型与变迁，以及里弄这种住宅形式的由来、形式演变都做了考证与背景调查，还针对性地将建业里的规模、格局、空间秩序、单元组合形式、构造特征、建筑要素与同时期的里弄小区进行了比对。另外，研究也针对性地梳

左上：《老弄堂建业里》一书的封面。

左下：建业里屋顶与封火墙的修复过程以及修复完成后的效果。

右上：建业里屋顶修复前的构件登记保管过程以及修复完成后的效果。

理了建业里的基本情况与周边背景、里弄特征与现状、设计与营建单位，还对保存于上海城市建设档案馆的历史设计图纸进行了仔细的辨认与分析。值得一提的是，"外铺内里"是里弄非常重要的特征之一，而建业里更是别出心裁地在外铺的基础上引入了内街的概念，因而研究还根据二十世纪三四十年代的行号图，对当时建业里范围内开设的店铺进行了排列与分类。

　　接下来，是对现场进行实地勘探与测绘。根据先期分析，需要先对所有单元进行分类并挑选出保存度较高的典型单元（如西弄与中东弄的设计与建造时间有先后之分，因此典型单元都需分别绘制），再结合整体进行现场测绘。弄口及有重点装饰部位的单元和建筑细部，也需重点观察并记录。另外，除了基于现场的测量与手绘图纸，也借助激光等现代设备对重要点位进行扫描。结合历史及现场调查，报告得出如下结论：建业里是后期石库门里弄建筑的代表；建业里，尤其是西弄，整体风格和式样具有特殊性，兼有中西文化的特征；里弄空间层次和秩

序性（总过街楼—主弄—次过街楼／拱券—支弄）相当完整；商业与居住密切融合，外铺内里的特征相当明显，同时又不同于一般的外铺内里，主弄两侧及中弄的一至三排建筑均为商业用途，在整个上海相当少见；保存状况西佳东差，由于建业里经过了 70 多年的使用，东弄和中弄先行建成，建筑面积也相对较小，因此相比西弄，在使用中有了大量的搭建，保存状况相对较差，结构完好性也较差；历史图纸中标明了水塔的位置，今在该位置为泵房和厕所，水塔已不存。

最终完成的测绘图纸基本真实地反映了建业里改造前的现状。但遗憾的是，整个建业里经过 70 多年的使用后几乎"面目全非"，各种加改建、私搭阳台、钻孔、修补、替换的铝合金窗随处可见，仅凭现状去完成修复显然是不可能的挑战，所以研究更重要的一部分是分析、甄别出建业里建成时的初始状态，具体工作包括现状测绘图与历史图纸、历史照片的逐一对比，以及现场证据的查找确认。这是一个错综繁杂、抽丝剥茧般的过程，任何步骤缺一不可。一方面，历史图纸与实际建成情况有一定差异，例如，"建国西路沿街店铺的二层阳台除了一些门板被损毁、替换，基本都维持了建成时的状况，而现场的栏杆样式与历史图纸并不相符，但是根据阳台的平面形式推断，应该就是建成时的原物"。另一方面，尽管历史图纸有时并不详尽，但是有一些部分由于老化、多次翻修导致现场已无从考证，例如，"中段总弄的状况历史上变动较大，已很难推断建成时的状况"，只能根据历史图纸进行复原。

除了按图索骥对建筑的形制和架构特征进行排查，对建筑材料、建造方式和工艺的考证对于后续的修复同样有着重要的意义。也正是通过此次梳理，建业里充分厘清了建筑现状，对历史图纸也进行了详细的解读与分析，最终推导出了尽可能贴近建业里 1930 年代建成时的状况，并形成了一套完整图纸，后续的设计、

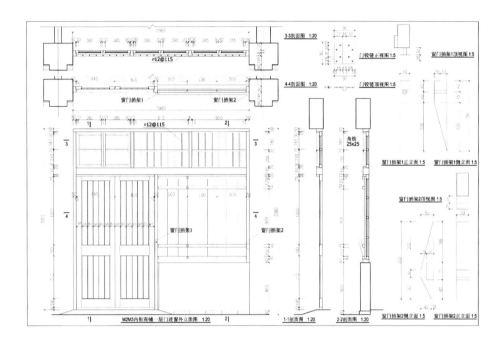

修复、重建亦都以此为基础，力求恢复建业里建造初始的原貌和肌理。

当竣工后的建业里揭开神秘面纱呈现在世人面前时，一种既熟悉又陌生的感觉油然而生。一来，依托科学的测绘考证和现代的修复与建造工艺，后期使用过程中的种种加改建、破坏性痕迹被悉数抹去，缺失、破损的部件则尽可能修复或复原——例如，原先岳阳路沿街"破墙开店"的墙体被重新封闭起来，而建国西路沿街为了外拓店铺而不见踪迹的立面细节与天井亦恢复如初，由此重塑了建业里原本"外铺内里"的内敛性格局。再者，建业里避开了全盘商业化的运营思路，开创性地最大可能保留了里弄原始的居住功能。纵使消费化升级的趋势在所难免，如今建业里除了在原先就为商用的外街和中庭开设了一系列与生活相关的店铺和餐厅，其余大部分的单元都作为酒店客房或者长租公寓使用。因此，公众除了来此参观、逛店，也都有机会亲身体验石库门中的居住生活。可以说，新生后的建业里褪去了二十世纪六七十年代"七十二家房客"的拥挤样貌，也引入了更具现代化的建造技术和运营理念，整体格局到建筑外观却比任何时候都更接近于其最初建成时的模样。

再生修复：平衡"旅居"生活

　　以"城市，让生活更美好"为主题的 2010 世博会成为上海城市发展的重要坐标点，公众和社会各界对城市发展建设以及可持续等理念也有了更新的理解，对文化传承和创新的重视也上升到了新的高度。因此，建业里最开始提出的"出售＋长租"相结合的开发方案，虽还原了石库门里弄的静谧感和社区感，却杜绝了公众体验上海仅存不多的石库门风貌的可能性，计划因此搁置。经过多番权衡与论证，考虑到对公众的开放性并突出整体"旅居"的定位，建业里原先作为酒店服务式公寓的西弄计划被改造为精品酒店客房，另有中弄与东弄的一部分建筑单元被划作酒店大堂和附属设施（包括酒店餐厅、SPA 等），沿街商铺不变，其余的东弄与中弄的住宅单元转作长租公寓，进而形成了现在建业里"沿街商业＋精品酒店＋长租公寓"的运营模式——既保存了居住功能、完整的肌理以及"小社区"式的氛围感，又着重强化了可达性和对公众的开放性。

　　为了找到合适的酒店运营合作伙伴，作为项目管理方的上海衡复投资发展有

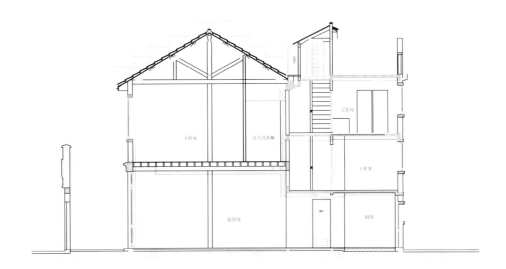

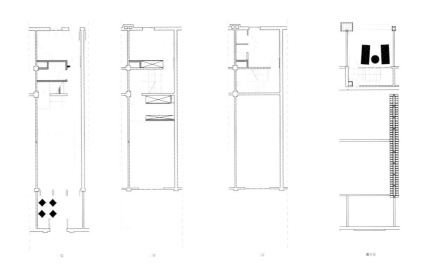

限公司先后接触了多家酒店经营者，但多数酒店经营者在实地考察过后面露难色：一来建业里每一栋房屋独门独户，空间被分割得极为细碎，很难嵌入合理的服务动线；其次里弄的格局特殊，开间狭窄，纵深又很长，必然得绞尽脑汁在"螺蛳壳里做道场"；再加上西弄是原样修复，立面、结构均不可变动……要改造成适合商业运营的酒店已是挑战，更何况是能体现独特品味和风格的精品酒店？

最终，以"精品、地标、文化"为核心理念的嘉佩乐酒店集团的方案胜出，双方合作完成了这个看似不可能的任务，建业里亦成为嘉佩乐进入中国市场后引以为傲的首发旗舰作品。然而，在正式调整运营方向前，建业里其实已经完成了

所有的修复与重建工作，除了沿街的商业设施保留为毛坯，其余单元也都已完成了初步内装。可是如要将长租公寓改为酒店，格局细节势必要进行相应调整，室内改造的工作因此被提上日程，并交由著名设计师 Jaya Ibrahim 操刀设计。

为了尽可能地体会、接近项目所在地的风貌背景，Jaya 将负责团队的办公地点搬到了建业里附近，并在前期大量调查与研究的基础上，完成了酒店整体的功能分区与概念设计。主创设计师 Wilma Wu 在谈及该项目时解释道："Creativity comes from history, context and function.（创意必须基于历史、背景与功能）。"建业里自身独有的中西方融合气质与所处衡复风貌区的历史文化底蕴，搭配 Jaya 所擅长的禅意风格，激发出了新的创意，将空间上的限制转变为酒店自身的特色。

设计将二十世纪二三十年代的中式元素与法式风情巧妙糅合，描绘出了属于建业里自己的海派色彩。里弄开间的逼仄借助设计手法巧妙地得到了缓解。从整体氛围到内装细部，从色彩、纹理，到家具、陈设，无一不因地制宜地进行了定制化设计，调节成与周遭环境最协调的状态比例。酒店家具的设计灵感取自法式家具，但是在原型之上做了多轮改良：一方面演变成符合现代人生活习惯和审美

左：建业里嘉佩乐酒店客房实景。

右：建业里嘉佩乐酒店卧室设计
方案效果图。

的式样，另一方面摒弃了当时家具的厚重感，并将尺寸略微缩小，从而更加贴合建业里自身紧凑的空间尺度。鉴于老房子结构的关系，建业里的室内空间并不规整，反而有着很多异型空间，但是设计并没有采取填补的常规做法，而是将其视为特色予以充分接纳。比如，酒店的图书馆区域有一部分原属于亭子间下方的厨房空间，梁的位置使得吊顶之后的空间略显低矮。改造后，这里被打造成一处放置有沙发、茶几的舒适角落，天花板与墙壁的围合意外地平添出一丝私密与温馨。

除此之外，中国传统园林的"借景"手法，在建业里中被运用到了极致。进入每套客房，首先会经过一方小小的天井，拉开两道朱红色的木门，便是正厅。正厅里并未放置常规的电视机，而是摆着一张长度不到一米七的双人沙发，且迎面向外朝着庭院。石库门的户型是狭长型的，再巧妙的设计其实也很难规避空间自身向内收缩的局促感。Wilma Wu 解释道："希望住在这个环境里的人能够享受这个空间。上海的四季其实都很好看的，如果将人们的视线向室外引导，久而久之会感觉到开阔——因为可以望得到天空。"除了沙发，写字台、主卧的床都尽可能对着户外的风景，这种"向外"的引导，巧妙解决了客房空间过小的问题，亦加深了纵深感与开放性，可以说是对里弄空间的一种现代化演绎和创新。

　　提到精品酒店，很容易与"金碧辉煌"的感觉联系起来，但是建业里却另辟蹊径。建业里原本就是日常居所，比起先声夺人的视觉冲击，从容舒缓的体验氛围才是要义。为了营造"家"一般的亲切感，除了恰当的尺度，更得有视觉的引导和细节上的巧思。酒店的大堂取消了常规服务台的设计，转而在进门的角落放置了一张不大不小的桌子，用于办理住宿服务；而大堂正对着入口的，是由几张沙发、茶几和博古架构成的会客区域。住客到访，仿若一脚踏入了家宅的客厅；再加上整个酒店只有 55 间客房，极大程度地限定了客流量，又配合上管家式的服务标准，因而当酒店工作人员对你微笑打招呼时并不显敷衍，反倒生出一种去朋友家做客的感觉，将"家"的体验感落到了实处。

　　"现代人都很喜欢追求新鲜感，但是潮流的东西很容易过时。如果一味追逐潮流，那么各个地方就失去了自身的文化，大家对于它的印象是不可能恒久的。越来越有味道，让人越来越喜欢，才是 timeless（永恒）的设计。很多人说建业里好像是一种新的风格，但其实我们只是在营造一个与这里的环境、建筑、景观相吻合的氛围。如果换了一处地方、环境，都不会是这个设计。所以，只会有一个建业里。"Wilma Wu 如此感叹道。

左：建业里内的花园实景。

上：建业里室内实景。

　　漫行于建业里的各处空间，很容易让人产生某种似曾相识的隽永之感。在这里，时间似乎很慢，人们能于其中找到海派文化积淀的隐隐线索，但一切似乎又不是旧有风格的原封照搬。熟悉感与陌生感间的微妙平衡让每一次到访有了新意，也让室内空间与建筑的历史厚重感彼此呼应、互相成就。而这背后，是对周边建筑、景观与环境的充分理解、尊重，也倾注了从设计到施工、管理乃至运营整个团队的全情努力与投入。整个过程势必面临了诸多挑战，也涉及诸多细枝末节，比如家具上的黄铜包边工艺，以及需要人工一点点制作的镂空木格栅，都极其费工费时……一个好的作品必然得有匠人般的执着与打磨精神。期间可能会有讨论甚至争执，各方团队承受的压力也必然很大，却未见妥协，设计的原意得到了最大程度的肯定与尊重，确保了空间体验的完整和流畅。

文化传承：城市"多元"创新

　　2017 年，嘉佩乐酒店正式开幕，建业里也正式揭下神秘面纱对外开放。此时的上海，已整装待发，昂扬稳步地迈向下一段旅程。2018 年 1 月，《上海市城市总体规划（2017—2035 年）》（简称"上海 2035"）正式公布，规划中明确了上海面向 2035 年并展望至 2050 年的总体目标、发展模式、空间格局、发展任务和主要举措。在规划指导下，未来近二十年时间里，上海将着力提升城市功能，塑造特色风貌，改善环境质量，优化管理服务，并努力把上海建设成为创新之城、人文之城、生态之城，成为卓越的全球城市和具有世界影响力的社会主义现代化国际大都市。更长远地说，"上海 2035"不仅是一幅描摹上海美好未来的蓝图，更是中央对上海功能定位和发展要求的进一步细化。如何把握上海的战略优势，发展出其独有的吸引力、创造力、竞争力，从而真正实现"卓越的全球城市"这一远大愿景，成为上海每一个城市建设参与者、管理者乃至居民义不容辞的责任与使命。

上：上海"新天地"修复改造后的现状。

上：上海"新天地"修复改造后的现状。

下：上海"新天地"改造前的原貌。

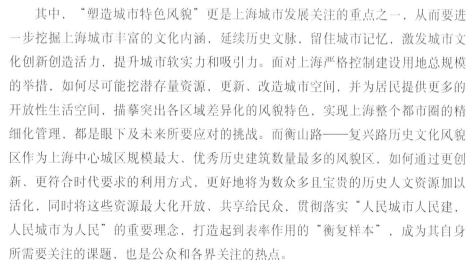

其中，"塑造城市特色风貌"更是上海城市发展关注的重点之一，从而要进一步挖掘上海城市丰富的文化内涵，延续历史文脉，留住城市记忆，激发城市文化创新创造活力，提升城市软实力和吸引力。面对上海严格控制建设用地总规模的举措，如何尽可能挖潜存量资源，更新、改造城市空间，并为居民提供更多的开放性生活空间，描摹突出各区域差异化的风貌特色，实现上海整个都市圈的精细化管理，都是眼下及未来所要应对的挑战。而衡山路——复兴路历史文化风貌区作为上海中心城区规模最大、优秀历史建筑数量最多的风貌区，如何通过更创新、更符合时代要求的利用方式，更好地将为数众多且宝贵的历史人文资源加以活化，同时将这些资源最大化开放、共享给民众，贯彻落实"人民城市人民建，人民城市为人民"的重要理念，打造起到表率作用的"衡复样本"，成为其自身所需要关注的课题，也是公众和各界关注的热点。

站在城市发展全局的角度，无论是建业里，还是其身处的衡复风貌区，都是上海城市肌理重要的有机组成部分。因此，建业里乃至衡复风貌区的管理与运维都不会只着眼独立的个体，而是必然被纳入区域及上海的整体战略中予以考量。

所谓全局，其实也包含了不同的尺度范围。小的范围可能包括建筑与周边街道、环境的协调关系。例如，建业里在对建筑本身予以修复改造的基础上，还重点保护了沿街的行道树，并在不改变街道格局的前提下重做了人行道铺面，完善了建业里所在街区的人行体验；而大的范围则可能是将建业里置于整片衡复风貌区之中，从而将多个单一的项目进行串联进而形成片区，以发挥出更广域、更多元的价值。例如，建业里会为下榻的客人量身定制入住期间的文化体验，推荐周边值得体验的地标、美食与参观地，同时也会与衡复风貌区内其他的文化场馆形成联动，共同举办系列性的文化艺术类活动，并以吸引不同的年龄层为目标，推广美学教育。不仅如此，衡复风貌区近几年亦积极响应上海以"四大品牌"（即上海服务、上海制造、上海购物、上海文化）为抓手，建设卓越全球城市的号召，尤其针对其中的"上海购物"与"上海文化"两大方向做出了一系列举措。一方面，衡复风貌区完成了包括武康大楼、夏衍旧居、草婴书屋、柯灵故居、张乐平旧居等重点保护项目的修复与更新，提升了重点道路的街面环境，同时整合了区域内居住、商务、创意、休闲的各项资源，打造"历史有根、文化有脉、商业有魂、品牌有名"的海派文化特色商业街区。另一方面，衡复风貌区内修复完成的众多文化地标，包括衡复风貌展示馆、衡复艺术中心、黑石公寓等，都在进一步向公众开放，成为海派文化重要的展示空间与"城市客厅"，并在此基础上进一步形成了汾阳路—复兴中路音乐文化片区、武康路—复兴西路历史文化街区、岳阳路—建国西路慢生活街区、武康路人文历史建筑融合区等氛围各异的特色街坊，在传承历史文脉的基础上奠定了风貌文化的品牌基础。

　　既要兼顾环境的整体性、可持续性，注重与其他项目的关联性、系统性，还要发扬上海城市的风貌特色，其实并非易事。在个性化运营和大局统筹之间，必然要面对很多的取舍与权衡。例如，目前的建业里，除了客房和公寓的私密区域，从沿街店铺到中庭，都以全天候开放的姿态欢迎民众前来体验和参观。来此打卡的人络绎不绝，或多或少给酒店和公寓的管理以及隐秘化氛围的营造带来了一定的困扰与挑战，但是建业里并没有采取关起门来"一刀切"的简单做法，而是坚定地维护着建业里的公共性，将其视作衡复风貌区打造"城市客厅"、传承海派文化、宣扬城市形象的重要节点之一。如今建业里所在的建国西路和岳阳路，有别于千篇一律的商业街，红砖墙与郁郁葱葱的梧桐树彼此呼应，沿街精致却不张扬的店铺和橱窗，加上隐隐飘来的烘焙香气，静谧而不失趣味，雅致又不失生活

左：建业里基本还原了街区风貌特征，成为上海里弄旅居再生的样板。

右：上海思南公馆新建的插入式建筑营造了多样性的空间，创造了整体运营的余地。

气息。徜徉其间,人们不会觉得自己只是单纯的游客或者旁观者,转而是深深地浸入到了风貌区的日常氛围之中。可见,在城市精细化管理上,衡复已经从基本的"干净、整洁、有序"转向更高要求的"品质、温度、活力","衡复样本"已初具雏形。

只有具备多元丰富的文化空间和文化体验,以满足人们的精神需求,一座城市才能持续地吸引更多的优质人才,居民也才能收获更多的幸福感和归属感。"文化"毋庸置疑是"全球卓越城市"布局中不可或缺的部分,也是一座城市软实力与未来竞争力的重要体现。建业里用近20年的积累与摸索,为上海存量资源、历史人文资源的开发与再利用探索了一种新的可能性。但是,建业里的竣工运营并不意味着终结——它恰恰是一次全新的开始。过载服役超过70年的建业里,告别了古早的生活方式,在整装待发后被推向下一个旅程。也许它无意于交出一张关于城市更新的完美答卷,而是抛出了诸多问题以启发我们——如何在改造中权衡利弊与兼顾各方声音,如何在保护建筑的同时守住传统的工艺与匠心,如何摸索历史建筑片区的可持续运营,如何将历史与文化价值发挥极致,如何在全球

左:"张园"里弄区域再生开启了上海城市更新的新模式。

右:在建业里二楼的窗口处看上海城市。

化大潮中留存老式里弄的人情味与社区感，又如何将过往几代人无法割舍的街坊情节与邻里温情通过新的业态传承给下一代？只有在延续性的使用与体验中方能体现其真正价值，这是所有历史建筑（而非文物）无法逃避的宿命。因此，它仍然需要我们持续地关注，需要不断地集思广益、爱惜且创新地运营，才能在下个、下下个70年里持续焕发生机与活力。

城市空间亦是如此，这也是为什么我们在不断地优化城市规划、提升城市环境、激发城市经济。正如上海所确定的人民城市建设的努力方向，大家所畅想的美好城市生活里，人人都有人生出彩机会，人人都能有序参与治理，人人都能享有品质生活，人人都能切实感受温度，人人都能拥有归属认同……这并非一句简单的口号，而是我们所有人对上海这座城市的美好祝愿，也是我们共同为之奋斗的目标。

2035，让我们拭目以待。

附录 | 参考文献
Appendix | References

[1] 陈峰. 空间视野下的"现代"上海 [D]. 上海：上海大学，2012.

[2] 熊月之. 城市发展与上海特色 [EB/OL]. http://sh.eastday.com/eastday/shnews/node20504/node20505/node20508/node20519/userobject1ai294369.html，2004-06-13.

[3] 李孝悌. 中国的城市生活 [M]. 北京：北京大学出版社，2013.

[4] 罗兹·墨菲. 上海——现代中国的钥匙 [M]. 上海社会科学院历史研究所，译. 上海：上海人民出版社，1986.

[5] 葛剑雄. 移民与中国：从历史看未来 [N]. 北京青年报，2010-08-18.

[6] 马长林. 老上海城记：弄堂里的大历史 [M]. 上海：上海锦绣文章出版社，2010.

[7] 李欧梵. 上海摩登：一种新都市文化在中国（1930—1945）[M]. 毛尖，译. 北京：人民文学出版社，2010.

[8] 梁实秋. 住一楼一底房者的悲哀 [EB/OL]. https://cul.sohu.com/20060913/n245317211.shtml，2006-09-13.

[9] 卢汉超. 霓虹灯外：20世纪初日常生活中的上海 [M]. 段炼，吴敏，子羽，译. 太原：山西人民出版社，2018年.

[10] 王安忆. 长恨歌 [M]. 北京：作家出版社，2000.

[11] 王安忆. 考工记 [M]. 广州：花城出版社，2018.

[12] 费尔南·布罗代尔. 十五至十八世纪的物质文明、经济和资本主义：第一卷 日常生活的结构：可能和不可能 [M]. 顾良，施康强，译. 北京：商务印书馆，2017.

[13] 葛剑雄. 文化的生命力在于流动 [N]. 解放日报，2007-08-17.

[14] 沧海客. 上海观察谈 [J]. 新上海，1925（1）：31-46.

[15] 熊月之. "海派文化"的得名、污名与正名 [N]. 上观新闻，2018-06-02.

[16] 王安忆. 寻找上海 [M]. 上海：学林出版社，2001年.

[17] 祝东海，朱晓明. 两条上海里弄——步高里和建业里的关系考证 [J]. 住宅科技，2010（12）：38-42.

[18] 伍江. 上海百年建筑史 [M]. 上海：同济大学出版社，2008.

[19] 上海章明建筑设计事务所. 老弄堂建业里 [M]. 上海：上海远东出版社，2009.

[20] 萧文智. 建业商店：父亲的遗产，儿子的念想 [Z/OL]. 市政厅微信公众号，澎湃新闻，2017-11-23.

[21] 舒抒. 上海这条马路，骨子里透着那股"老底子"的骄傲与平和 [N]. 上观新闻，2017-04-15.

[22] 上海地方志办公室. 上海城建建立严格保护制度留存海派文化韵味 [EB/OL]. http://www.shtong.gov.cn/dfz_web/DFZ/Info?idnode=70344&tableName=userobject1a&id=83694，2006-04-22.

[23] 史蒂文·蒂耶斯德尔，蒂姆·希思，塔内尔·厄奇. 城市历史街区的复兴 [M]. 北京：中国建筑工业出版社，2006.

[24] 常青. 历史建筑保护工程学：同济城乡建筑遗产学科领域研究与教育探索 [M]. 上海：同济大学出版社，2014.

[25] 马学强. 上海石库门珍贵文献选辑 [M]. 北京：商务印书馆，2018.

[26] 沙永杰，纪雁，钱宗灏. 上海武康路：风貌保护道路的历史研究与保护规划探索 [M]. 上海：同济大学出版社，2009.

[27] 叶圣陶. 天井里的种植 [A]// 叶圣陶. 叶圣陶散文选集 [M]. 天津：百花文艺出版社，1992.

[28] 赵广超，马健聪，陈汉威. 一章木椅 [M]. 北京：生活·读书·新知三联书店，2008.

[29] 张爱玲. 张爱玲文集 [M]. 合肥：安徽文艺出版社，1992.

[30] 李允鉌. 华夏意匠——中国古典建筑设计原理分析 [M]. 天津：天津大学出版社，2005.

[31] 卢卡·彭切里尼，尤利娅·切伊迪. 邬达克 [M]. 华霞虹，乔争月，译. 上海：同济大学出版社，2013.

[32] 丹尼尔·布尔斯廷. 美国人：民主历程 [M]. 中国对外翻译出版公司，译. 北京：生活·读书·新知三联书店，1993.

[33] 常青. 都市遗产的保护与再生：聚焦外滩 [M]. 上海：同济大学出版社，2009.

[34] 史寅昇. 建业里改造调查：是否符合程序？商业集团是否该介入？[N]. 东方早报，2012-02-13.

[35] 徐汇文旅. 重走衡复风貌区，感觉历史文化魅力 [Z/OL]. 上海住房城乡建设管理微信公众号，2021-07-15.

[36] 方翔. 修缮历史建筑：有"形"更要有"神" [N]. 新民晚报，2016-12-08.

[37] 王文婷. 关于旧城改造中里弄的改造问题 [DB/OL]. http://www.doc88.com/p-2922420233806.html. 2015-03-13.

[38] 林沄. 上海里弄保护与改造实践述评 [J]. 建筑遗产，2016（4）：12-20.

[39] 顾学文. 章明：老建筑要这样修才能保存城市的温度 [Z/OL]. 解放周末微信公众号，2017-08-04.

附录 | 图片来源
Appendix | Picture Credits

P2~3、34、38~39、45、47~49、51~54、55 右、56、57、60、61、63、69、70、71 左、72 上、75、77、78、80、81 上、82~83、89、91 上、94、95、96 右、99、100、102 上、105、106、108~109、111 左、113、118、119 上、119 下 右、120~121、122 右、125、127、138 上、143~145、147、149、151~152、154~155、161、163~164、166、176~177、179、180 上、181、200~201、216 下右、217 右、218 右、220、224、228：章鱼建筑摄影拍摄

P6、42、86、110、153、158、204：原图来自章鱼建筑摄影，杨勇制作

P9：来源网络，https://m.sohu.com/a/105310556_446764

P10：上海市房屋土地资源管理局. 沧桑——上海房地产 150 年 [M]. 上海：上海人民出版社，2004.

P11 上：吴友如. 申江胜景图 [M]. 上海：上海点石斋，1884.

P11 下左：唐振常. 上海城市规划志 [M]. 上海：上海社会科学院出版社，1999.

P11 下右：唐振常. 上海史 [M]. 上海：上海人民出版社，1989.

P12：马长林. 弄堂里的大历史 [M]. 上海：上海锦绣文章出版社，2010.

P13：上海传统宅第测绘（书隐楼），由同济大学 2002 级本科生绘制

P14：王绍周，陈志敏. 里弄建筑 [M]. 上海：上海科学技术出版社，1987.

P15、35 左上、122 左：寿幼森拍摄

P16：来源网络，http://www.doyouhike.net/city/shanghai/events/72/898055,0,0,2.html

P18、23 上、32：贺友直. 贺友直画三百六十行 [M]. 上海：上海人民美术出版社，2004.

P19、22、36、37：郭允. 上海光影（1980-1999）郭博摄影作品精选 [M]. 上海：同济大学出版社，2009.

P21 上：贺友直. 小小一碗面，浓浓邻里情 [N]. 新民晚报，2014-08-02.

P21 下、23 下、24 上、35 左下、50 下、65 左、65 右、93 左、96 左、103 上、107、111 右、119 下左、123 下、215 左、216 下左、217 左、218 左：建业里历史与修复过程照片，由上海衡复投资发展有限公司提供

P24 下、97：建业里历史档案图纸，来自上海市城市建设档案馆

P27、55 左、117、123 上、219：建业里建筑设计图纸，由约翰·波特曼建筑设计事务所设计，华东建筑设计研究院绘制，上海衡复投资发展有限公司提供

P28、212：依据《上海市行号路图录》绘制，顾怀宾，鲍士英. 上海市行号路图录 [M]. 上海：福利营业股份有限公司，1947.

P29、128、129 上、131：中国第二历史档案馆，上海图书馆. 老上海——已逝的时光 [M]. 南京：江苏美术出版社，1998.

P31、59：顾怀宾，鲍士英. 上海市行号路图录 [M]. 上海：福利营业股份有限公司，1947.

P33：上海章明建筑设计事务所. 老弄堂建业里 [M]. 上海：上海远东出版社，2008.

P35 右、50 上、62、65 中、66、67、90、93 右、96 中、98、101、102~103 下、215 右：测绘图纸与照片，由上海章明建筑事务所与 Kokaistudios 绘制和拍摄，上海衡复投资发展有限公司提供

P71 右、72 下、73 上：来源网络，https://www.lascasasdelajuderiasevilla.com/en

P72 下、74、76、79、91 下、162、165 上、178、222、225：建业里嘉佩乐酒店照片，由 BLINK Design Group 提供

P75、114~116、124、165 下、180 下、231：建业里照片，由上海衡复投资发展有限公司提供

133 右、136 左、138 下：大成. 民国家具价值汇典 [M]. 北京：紫禁城出版社，2007.

P132：来源网络，https://www.sohu.com/a/228273614_100062123.

P133 左：来源网络，https://www.meipian.cn/ly9bnnpz.

P135、136 右、141、146、182、191 右、211：徐洁拍摄

P137、140：王晓东绘制

P139：路得·那爱德拍摄，刘敏. 历史的底片：一个美国人的成都记忆 [J]. 三联生活周刊，2015，822（1）.1.26：96-106.

P150：来源网络，https://www.douban.com/photos/album/147136070/?start=0

P168~169：叁宅 Maison à 3 店铺照片，由叁宅 Maison à 3 与 The Langone Group 提供

P170~173：GENTSPACE 店铺照片与图纸，由 AIM Architecture 提供

P174~175：SuperModelFit 店铺照片，由 SuperModelFit 与杰璐设计工作室提供

P185~190、191 左、193、195~199：衡复风貌区示意图与图片，由上海衡复投资发展有限公司提供

P207 上：来源网络，https://m.thepaper.cn/baijiahao_8980496

P207 下：来源网络，http://sh.sina.com.cn/news/m/2019-01-24/detail-ihrfqzka0702208-p2.shtml

P208：青苹果数据中心，http://www.huawenku.cn/

P209：来源网络，http://blog.sina.com.cn/s/blog_55c85ddb0102xtgl.html

P216 上：来源网络，https://item.m.jd.com/product/10241894.html

P221：建业里西弄建筑图纸，由 Kokaistudios 绘制，上海衡复投资发展有限公司提供

P223：建业里嘉佩乐酒店设计图，JAYA International Design 绘制，由 Wilma Wu 与 BLINK Design Group 提供

P227 上：来源网络，http://blog.sina.com.cn/s/blog_4cf42bdb01009sb2.html

P227 下，沙永杰. 中国城市的新天地：瑞安天地项目城市设计理念研究 [M]. 北京：中国建筑工业出版社，2010.

P229：来源网络，http://file.fangjiadp.com/view/ab123a0e33e60fd7f242ac8bcd7762e8a09077df/640x420.jpg

P230：来源网络，http://sh.sina.com.cn/news/economy/2019-01-26/detail-ihrfqzka1056327.shtml

编后记｜ 构想里弄的未来：城市的公共性·分享与共享
Postscript│Imagine the Future of Lilong: Publicity of Cities·Participating and Sharing

石库门里弄是上海集中成片、多样化、典型的历史建筑，对上海近代城市具有特殊的重要价值。建业里作为上海中心城区最大的石库门里弄建筑群之一，以及上海市最早的成片保护改造的历史风貌区项目之一，当年"外铺内里"的功能格局被完整地保留，历史建筑的风貌在物理层面得以完整延续，居住功能更是在"使用中保护"的基础上进一步提升，审慎的功能活化利用和人居环境复育，构成了建业里看不见的和谐，实现了价值再生，提升了环境品质，恢复了街区活力。将历史里弄建筑的保护利用与街区记忆的保存、生活方式的传承紧密关联，是一次开拓性的项目实践，也为上海传统里弄建筑遗产的保护更新提供了一种探索模式。

2017 年年底，建业里酒店正式对外开放。站在 2022 年的时间节点上回顾，建业里的保护历程经历过波折，是一次有益的探索。在十余载的项目推进过程中，徐房集团致力于打造风貌区标杆项目，在此衷心感谢上海市房管局、上海市规土局、徐汇区房管局、徐房集团诸多老领导的辛勤付出和支持，还要衷心感谢对建业里保护利用始终关注的诸多专家。同时，感谢项目的诸多参与方，包括波特曼设计、华东建筑设计研究院、Kokaistudios、章明建筑设计事务所、JAYA 事务所等，正是他们专业细致的工作，充实了本书的图纸与文本，为本书内容的成形打下了坚实的基础。

　　除此之外，还要特别感谢姜江先生，为本书提供了诸多历史资料和支持；张松老师、蒋杰老师，为本书的内容与文字提供了专业的修改意见；王晓东老师，书中多幅细腻的钢笔画便是出自他之手；章鱼建筑摄影工作室的章勇老师，以专业的建筑视角为本书拍摄了大量精彩照片；完颖和杨勇老师，分别承担了本书的设计和排版工作，得以将建业里的故事以兼具现代气息与历史感的纸本方式呈现在读者面前。

　　诸多参与者的分享，打开了建业里的不同面相，我们对于建业里项目的理解也逐渐由浅入深，最终凝练成了手上的这一本书，谨在此表达我们的感谢之情。受限于时空，我们只能隔着历史的面纱去一窥建业里的前世今生，书中诸多阐述尚存不足，恳请读者们勘误指正。

本书编著者

2022 年 07 月